中国科协学科发展预测与技术路线图系列报告
中国科学技术协会　主编

智能电网信息工程
学科路线图

中国能源研究会◎编著

中国科学技术出版社
·北　京·

图书在版编目（CIP）数据

智能电网信息工程学科路线图 / 中国科学技术协会主编；中国能源研究会编著 .-- 北京：中国科学技术出版社，2021.11
（中国科协学科发展预测与技术路线图系列报告）
ISBN 978-7-5046-8785-2

Ⅰ. ①智… Ⅱ. ①中… ②中… Ⅲ. ①智能控制—电网—技术发展—研究报告—中国 Ⅳ. ① TM76

中国版本图书馆 CIP 数据核字（2020）第 174011 号

策划编辑　秦德继　许　慧
责任编辑　赵　佳
装帧设计　中文天地
责任校对　张晓莉
责任印制　李晓霖

出　　版　中国科学技术出版社
发　　行　中国科学技术出版社有限公司发行部
地　　址　北京市海淀区中关村南大街 16 号
邮　　编　100081
发行电话　010-62173865
传　　真　010-62173081
网　　址　http://www.cspbooks.com.cn

开　　本　787mm × 1092mm　1/16
字　　数　240 千字
印　　张　13
版　　次　2021 年 11 月第 1 版
印　　次　2021 年 11 月第 1 次印刷
印　　刷　河北鑫兆源印刷有限公司
书　　号　ISBN 978-7-5046-8785-2 / TM · 41
定　　价　72.00 元

编审委员会

编写委员会

前　言

21世纪，人类科技飞速发展，社会经济活动更加频繁，对能源生产消费的需求持续增长。智能电网是集成新能源、新材料、新设备和先进传感与监测控制技术、信息处理与通信技术、储能技术等构成的新一代电力系统。通过智能电网，可实现电力的发、输、配、用、储等过程中的全方位感知、数字化管理、智能化决策以及互动化交易，充分满足社会对电力的需求，并优化资源配置，确保能源供给的安全、可靠和经济。智能电网信息工程学科正是适应智能电网发展重大需求而新兴的一门跨领域交叉学科。通过将电网与通信网两个实体网络互联，物理系统与信息系统高度融合，全面促进和提升电力发展和科技创新。

为推动智能电网信息工程学科的发展，2018年中国科学技术协会和中国能源研究会启动了《智能电网信息工程学科路线图》编写工作，经过多家单位科研工作者的呕心撰写，并得到众多专家的悉心评审，历经一年最终形成了本学科发展路线图。报告由两部分组成，第1部分绪论，提纲挈领地论述了智能电网信息工程学科的内涵与主要分支方向、当前国内外发展现状，对本学科的发展趋势进行了预测与展望，制定了本学科的发展路线图。第2部分专题论述，进一步对智能电网通信技术、智能电网大数据技术、智能电网人工智能技术、智能电网物联网技术、电力信息物理系统技术这五大关键技术方向进行了详尽阐述，包括国内外现状、技术预测与发展规划等。

在本报告即将出版之际，要特别感谢参与讨论和编写的专家及所在单位，特别向报告编审委员会、编审工作组等参与研讨和通过各种方式提出宝贵意见和建议的专家表示最诚挚的感谢。尽管在本报告编写过程中征求了多方面的意见，并参考了大量文献，力求全面准确，但由于篇幅所限，内容不能面面俱到，难免挂一漏万。此外，由于编制时间仓促，特别是学科涉及面广，内容比较新，很多技术尚处于发展阶段，一些概念内涵业界也尚未统一，本报告难免存在不足之处，相关观点仅代表编写工作组的意见，如有不妥之处，恳望读者提出宝贵意见和建议。最后，希望本报告能够对促进我国电力科技的创新发展发挥积极作用，为政府、行业制定相关政策提供有益的参考。

中国科学技术协会

中国能源研究会

2019 年 11 月

目　录

第 1 部分　绪论……1
1　引言……3
2　国内外发展现状……13
3　学科发展预测与展望……23
4　智能电网信息工程学科发展规划……36
第 2 部分　专题论述……43
1　智能电网通信技术……45
2　智能电网大数据技术……84
3　智能电网人工智能技术……108
4　智能电网物联网技术……133
5　电力信息物理系统技术……171

第1部分　绪论

1 引言

生态文明和社会可持续发展要求人类社会关注并实施清洁替代和电能替代，以应对气候变化和环境保护的需要，有效缓解化石能源资源紧缺和能源需求日益增长的矛盾。能源生产结构将逐渐过渡到以可再生能源为主、化石能源为辅。但可再生能源不确定、间歇性特点突出，可控性和可预测性较差。能源消费结构中，电动汽车比例增高，对用户友好互动的需求增强。作为能源生产与消费的重要支撑平台，电力系统面临供电侧和需求侧都极具不确定性的巨大挑战，同时面临着提供更加安全可靠、灵活互动、友好开放的电力供应新要求，为此，智能电网成为世界各国的共同战略选择。

智能电网是在传统电力系统基础上，集成新能源、新材料、新设备和先进传感与监测控制技术、信息处理与通信技术、储能技术等构成的新一代电力系统，可实现电力的发、输、配、用、储等过程中的全方位感知、数字化管理、智能化决策以及互动化交易，以充分满足用户对电力的需求和优化资源配置、确保电力供应的安全可靠、保证电能质量以及适应电力市场化发展等为目标，致力实现对用户可靠、经济、清洁、互动的电力供应以及相应的增值服务。

智能电网区别于传统电网最本质的特点是面向电力系统的各个环节（发电、输电、配电、用电、调度、市场，以及分布式发电、电动汽车、储能等分布式资源，等等），海量电气设备、数据 / 信息采集设备和计算设备通过电网、通信网两个实体网络互联，物理网络与信息网络高度融合。物理网络涵盖电力物理网络和与之集成的传感与量测装置；信息网络是指交换信息和共享资源的互联计算机、通信设备以及其他信息通信技术的集合。

智能电网信息工程学科是适应发展智能电网重大需求的一门跨领域交叉学科，立足智能电网最本质的特点，聚焦智能电网信息网络及其与物理网络集成所涉及的关键技术，对智能电网的科学建设、健康发展与人才培养具有重要战略意义。

1.1 智能电网的分层

图 1-1-1 给出了智能电网的分层描述[1]，主要由电力物理层、通信层和应用层组成。

1.1.1 电力物理层

最下层是电力物理层，包括集中式发电、输电、变电、配电、用户以及接入配电和用户侧的分布式发电、储能与电动汽车等分布式资源。各环节之间都有电力流（功率交换），特别是由于分布式发电、储能与电动汽车等的接入，配电网中的潮流也有可能是双向的，而传统电力系统中配电网的潮流是单向的。

1.1.2 通信层

中间层是通信层，包括集中式发电企业和电力公司的局域网（Local Area Network, LAN）、广域网（Wide Area Network, WAN）、邻域网（Neighborhood Area Network, NAN）以及户内网 / 驻地网（Home Area Network / Premises Network, HAN/PN）。图 1-1-1 中在这几种网络下方列出了一些可能的通信媒介和所涉及的通信与控制设备。通信层里传输着的双向数据流是来自传感器和发送给控制机构的。

1.1.3 应用层

最上层是应用层，在通信层的基础上进行信息处理与高效利用后提供的服务来实现各级智能电网所要求的功能，如：高级量测体系（Advanced Metering Infrastructure, AMI）、需求响应、电网优化与自愈、插电式混合动力汽车（Plug-in Hybrid Electric Vehicle, PHEV）和电动汽车入网技术（Vehicle-to-Grid, V2G）的智能充电（包括监视与控制的执行）、商业及客户服务、应用和未来服务（实时电力市场）等。

1.2 智能电网的通信路径

图 1-1-2 进一步给出了智能电网各环节和服务之间可能的通信路径，表征各环节和服务之间或者它们与通信网络之间数据的逻辑交换[2]。其中，服务集成是指将既

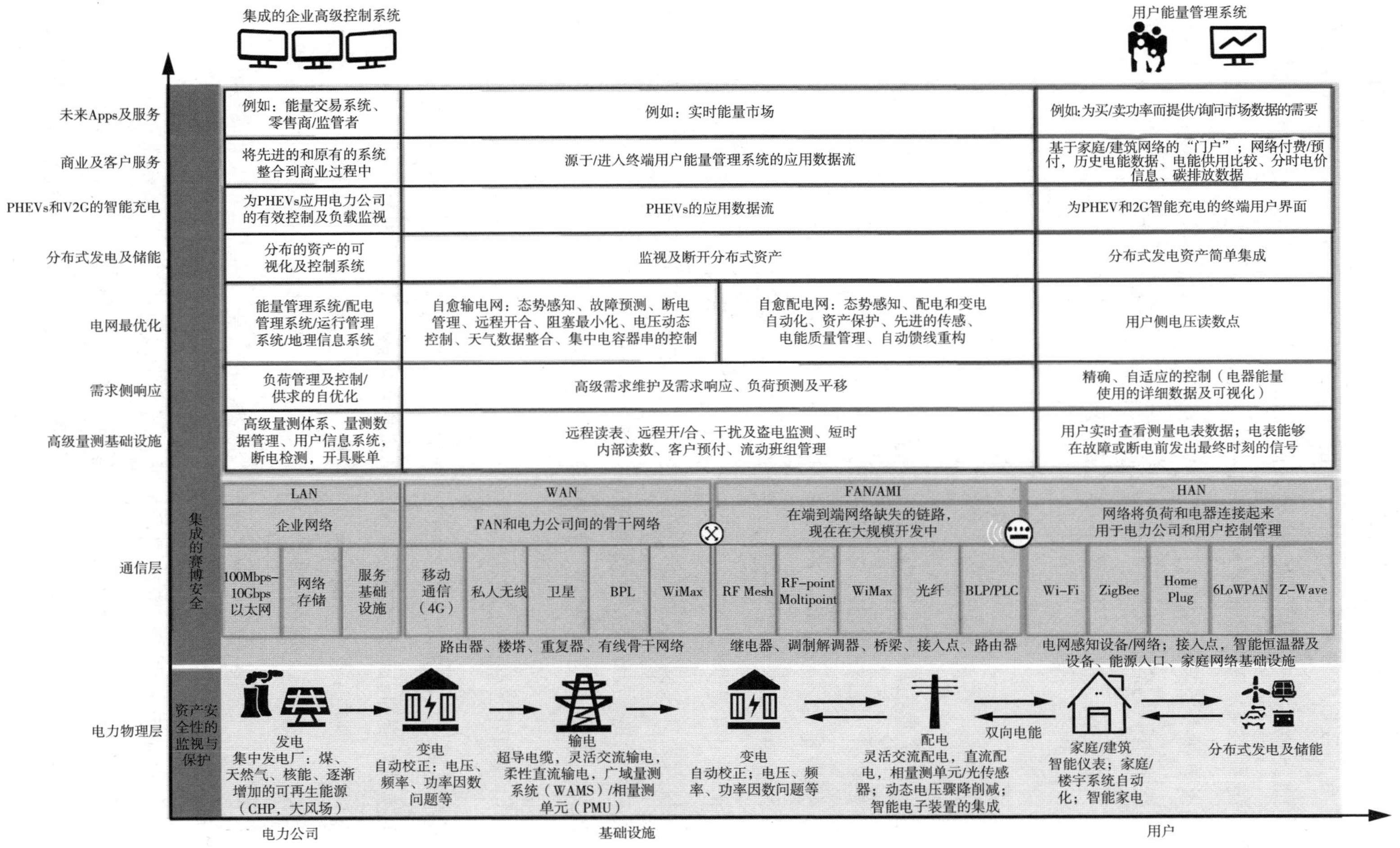

集成的企业高级控制系统

用户能量管理系统

	电力公司	基础设施		用户
未来Apps及服务	例如：能量交易系统、零售商/监管者	例如：实时能量市场		例如:为买/卖功率而提供/询问市场数据的需要
商业及客户服务	将先进的和原有的系统整合到商业过程中	源于/进入终端用户能量管理系统的应用数据流		基于家庭/建筑网络的“门户”；网络付费/预付、历史电能数据、电能供用比较、分时电价信息、碳排放数据
PHEVs和V2G的智能充电	为PHEVs应用电力公司的有效控制及负载监视	PHEVs的应用数据流		为PHEV和2G智能充电的终端用户界面
分布式发电及储能	分布的资产的可视化及控制系统	监视及断开分布式资产		分布式发电资产简单集成
电网最优化	能量管理系统/配电管理系统/运行管理系统/地理信息系统	自愈输电网：态势感知、故障预测、断电管理、远程开合、阻塞最小化、电压动态控制、天气数据整合、集中电容器串的控制	自愈配电网：态势感知、配电和变电自动化、资产保护、先进的传感、电能质量管理、自动馈线重构	用户侧电压读数点
需求侧响应	负荷管理及控制/供求的自优化	高级需求维护及需求响应、负荷预测及平移		精确、自适应的控制（电器能量使用的详细数据及可视化）
高级量测基础设施	高级量测体系、量测数据管理、用户信息系统，断电检测，开具账单	远程读表、远程开/合、干扰及盗电监测、短时内部读数、客户预付、流动班组管理		用户实时查看测量电表数据；电表能够在故障或断电前发出最终时刻的信号

集成的赛博安全

通信层

LAN			WAN					FAN/AMI					HAN				
企业网络			FAN和电力公司间的骨干网络					在端到端网络缺失的链路，现在在大规模开发中					网络将负荷和电器连接起来用于电力公司和用户控制管理				
100Mbps–10Gbps以太网	网络存储	服务基础设施	移动通信（4G）	私人无线	卫星	BPL	WiMax	RF Mesh	RF-point Moltipoint	WiMax	光纤	BLP/PLC	Wi-Fi	ZigBee	Home Plug	6LoWPAN	Z-Wave
			路由器、楼塔、重复器、有线骨干网络					继电器、调制解调器、桥梁、接入点、路由器					电网感知设备/网络；接入点，智能恒温器及设备、能源入口、家庭网络基础设施				

电力物理层

资产安全性的监视与保护

发电：集中发电厂：煤、天然气、核能、逐渐增加的可再生能源（CHP，大风场）

变电：自动校正：电压、频率、功率因数问题等

输电：超导电缆，灵活交流输电，柔性直流输电，广域量测系统（WAMS）/相量测单元（PMU）

变电：自动校正；电压、频率、功率因数问题等

配电：灵活交流配电，直流配电，相量测单元/光传感器；动态电压骤降削减；智能电子装置的集成

双向电能

家庭/建筑：智能仪表；家庭/楼宇系统自动化；智能家电

分布式发电及储能

电力公司　基础设施　用户

图 1-1-1　智能电网的分层描述

定服务内的应用和与其共享信息的其余环节连接起来；WAN 连接地理位置遥远的地点；NAN 连接控制断路器和变压器的智能电子设备等设备和 PN，PN 包括 HAN 以及用户中的公共网络（如互联网）。公共网络和非公共网络都将需要实施和维持适当的安全与访问控制来支持智能电网；图 1-1-2 中给出了一些可能通过公共网络通信的示例，如发电和市场与电网运营商。信息将会从各个环节流入流出，一些信息也会被集成支撑智能电网的高级应用，最新的信息技术、通信技术、计算技术等都将会引入并应用在智能电网，这成为智能电网信息工程学科和撰写本书的核心原动力。

1.3 学科范畴

智能电网信息工程学科范畴是指在智能电网中集成的信息感知、信息传输、信息融合、信息处理与有效利用及其相关的关键技术，主要涵盖集成在智能电网物理电力层支撑海量电气设备状态感知与互联的智能传感技术、智能电网中承载数据/信息交换与资源共享的通信网络及其关键技术——通信技术、实现智能电网海量信息处理与分析利用以提供应用层各项服务的信息技术（大数据、人工智能、云计算等）、集成多种技术提升广域互联感知的智能电网物联网技术、促进智能电网信息网络与物理网络有机融合的电力信息物理系统技术、智能电网信息安全技术等，其外延还包括信息通信软硬件装置、信息管理、相关标准政策法规的制定等。

1.3.1 智能电网传感技术

传感技术是从信源获取信息，进行识别和处理的现代科学与工程技术，是信息自动检测和转换等功能的总和。传感技术是信号检测和数据获取的关键和基础，涉及传感机理、功能材料、制作工艺、封装技术、处理技术、物联通信技术等。传感技术是电网实现可观可控的前提，是电网数字化和智能化的基础。在智能电网建设与发展背景下，需要加快突破智能、可靠、高性能的专用传感技术，深度强化智能电网下泛在感知能力。

智能电网传感技术的研究重点主要为硬件和软件两个层面。硬件层面主要包括传感设备新材料和新工艺、高密度集成电路设计、复杂环境下长距离和分布式数据采集、采集装置供电和可靠性保障、通信传输介质升级等问题；软件层面包括传感装置传输协议、数据标准化等问题。传感技术的研究应以泛在互联关键技术为核心，研发传感装置，提高泛在感知能力，构筑智能电网强大的神经网络。

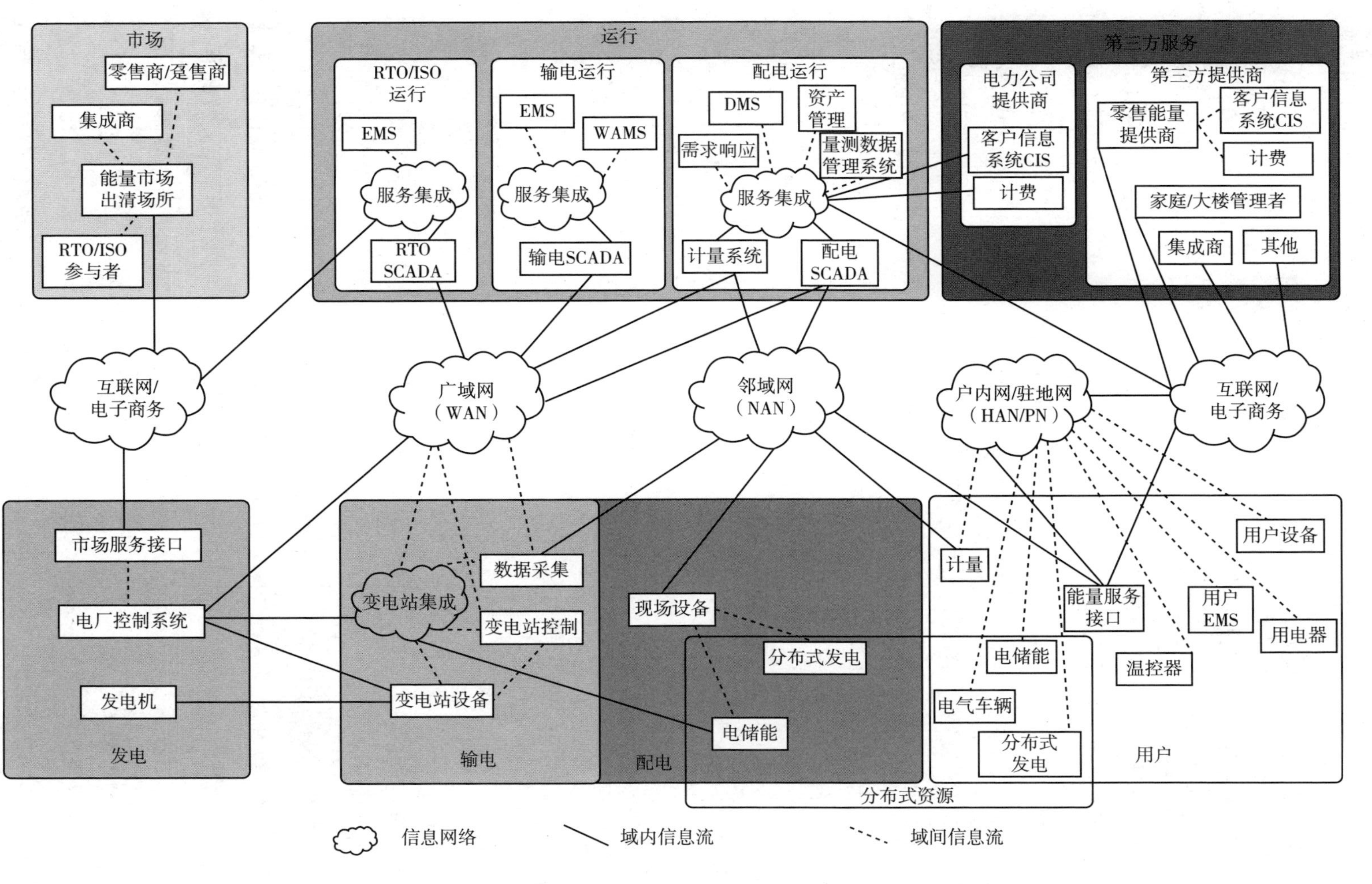

图 1-1-2　智能电网各环节和服务之间可能的通信路径

1.3.2 智能电网通信技术

通信技术是指将信息从一个地点传送到另一个地点所采取的方法和措施，是通信过程中的信息传输技术和信号处理技术的总和。通信技术的基本功能要素包括信息传输、信息交换和终端接收三部分。智能电网通信需要覆盖电网物理网络基础设施各个环节、实现信息的实时双向高速流动以满足智能电网功能需求，是支撑智能电网建设发展的核心关键技术。期待建立一个开放、标准化的通信体系，具备双向性、实时性、可靠性等特征，能够实现对现有电网通信系统中大量可用资源的集成和对各类先进通信技术的接纳、包容，以及多种通信技术的混合使用、协调工作。

智能电网通信按照网络架构划分，包括电力通信骨干网和接入网；按照通信技术种类划分包括有线通信（如光纤通信、电力线载波通信等）和无线通信（如微波通信、微功率无线通信、3G/4G/5G 以及 NB-IoT 通信等）。其中，电力通信骨干网承载着大数据流的传输任务，光传送网（Optical Transport Network, OTN）、分组传输网（Packet Transport Network, PTN）及光传送网为基础的自动交换传送网等已逐步取代传统网络；电力通信接入网络最显著的组网需求是灵活接入、即插即用，电力线载波通信、无线通信技术将会被大量使用在接入网络中。

1.3.3 智能电网信息技术

智能电网的命脉是用以驱动应用的数据和信息，而这些应用使完善运营策略成为可能。为了实现智能电网不同环节多类主体间安全高效的信息交互与共享，同时有效支撑智能电网的核心功能，实现电力数据价值的最大化，需要加强大数据、人工智能、云计算等新一代信息技术研究与应用。

1.3.3.1 大数据技术

大数据技术是指从各种各样类型的繁杂数据中，快速获得有价值信息的能力。随着电力智能化、信息化的推进，智能电网数据从体量到维度快速形成了大数据形态，其应用也几乎覆盖了电力系统的所有领域。智能电网大数据包括内部数据和外部数据。电网内部数据包括来自广域量测系统（Wide Area Measurement System, WAMS）、数据采集与监控系统（Supervisory Control And Data Acquisition, SCADA）、用电信息采集系统、生产管理系统（Production Management System, PMS）、能量管理系统、配电管理系统、电力设备在线监测系统、客户服务系统、财务管理系统的海量数据；电网外部数据包括来自气象信息系统、地理信息系统（Geographic Information System, GIS）、互联网、公共服务部门的数据及经济运行发展数据、用电需求数据等。

智能电网大数据的关键支撑技术包括数据采集和预处理、数据融合、数据存储、数据处理、数据分析、数据挖掘、数据可视化、数据隐私保护和数据安全等多方面的技术。智能电网大数据研究及技术应用目前主要分为两个方面：一是应用数据统计和数据挖掘方法，去发现数据所表现的电力系统的物理本质和运行规律以及智能电网与服务对象之间隐藏的规律关系等；二是应用新兴的数据驱动的方法（如机器学习、深度学习、随机矩阵等）形成更加智能化的解决方案。

1.3.3.2 人工智能技术

人工智能技术是让计算机模仿人类逻辑思维和高级智慧，可分为计算智能、感知智能和认知智能三个层次：计算智能是使机器/计算机具有高性能运算能力，甚至超越人的计算能力处理海量数据；感知智能是使机器能够像人一样对周围环境进行感知，包括听觉、视觉、触觉等，语音识别和图像识别即属于这一范畴；认知智能是使机器具有人类的理性思考能力，并做出正确决策判断。三种能力的融合最终让机器实现类人智慧，以全面辅助甚至替代人类工作。智能电网人工智能技术即是将人工智能技术与智能电网深度融合，支撑智能电网发展，实现智能传感与物理状态相结合、数据驱动与仿真模型相结合、辅助决策与运行控制相结合，有效提升驾驭复杂系统的能力。

智能电网人工智能关键技术主要分为基础层、技术层和应用层。基础层主要涉及智能电网人工智能基础数据的收集与运算等相关技术；技术层主要涉及智能电网人工智能算法的开发和模型的构建，包括知识图谱、群体智能和机器学习技术等；应用层主要涉及智能电网人工智能技术的视觉感知、语言理解认知以及集合两者的应用终端控制技术等。

1.3.3.3 云计算技术

云计算是指信息基础设施的交付和使用模式，指通过网络以按需、易扩展的方式获得所需的资源（硬件、平台、软件），提供资源的网络被称为云。云计算的特点在于无须增加硬件投资、无须购买和安装软件、无须管理成本，能够立即增加存储和计算资源、享受及时和稳定的服务。随着智能电网的发展和智能电表等装置的普及，电网中需要采集和处理的信息量显著增加，需要充分利用云计算并发性和分布性的特点，提高数据的计算处理效率，降低数据的存储和使用成本。

云计算在智能电网中的应用研究涵盖了电网运行过程中的各个环节。在发电环节，云计算可以为风力、太阳能发电等存储密集型和计算密集型应用系统提供相应解决方案；在输配环节，云计算技术可提供统一访问服务接口，实现数据搜索、获取、计算等，以帮助电网数据中心提高设备利用率，降低数据处理中心能耗，扭转服务器资源利用率偏低与信息壁垒问题，全面提升智能电网环境下海量数据处理的效能、效率和效益；在用电环节，云计算支持用户管理机制和系统运营模式的深刻变革，对高速实时的信息流、业务流、能源流提供大容量弹性扩展、超级计算、业务感知分析等综合能力。

1.3.4 智能电网物联网技术

智能电网物联网技术集成了先进的感知、通信、信息等多项技术，即利用感知技术与智能装置对电力系统进行泛在感知，通过通信网络实现设备互联和数据传输，进而进行计算处理和知识挖掘，实现人与设备、设备与设备交互和无缝连接，达到对电力系统实时控制、精确管理和科学决策目的。智能电网物联网为电网规划建设、生产运行、经营管理、综合服务、新业务新模式发展、企业生态环节构建等方面提供充足有效的技术支撑。

智能电网物联网从架构上看主要包含感知层、网络层、平台层和应用层共四层结构。感知层主要解决数据的采集问题，网络层主要解决数据的传输问题，平台层主要解决数据的管理问题，应用层主要解决数据的价值创造问题。从技术上看，涉及大数据、云计算、物联网、移动互联、人工智能、区块链、边缘计算等信息技术和智能技术。

1.3.5 电力信息物理系统技术

信息物理系统（Cyber Physical System, CPS）是指通过集成先进的感知、计算、通信、控制等信息技术和自动控制技术，构建了物理空间与信息空间中人、机、物、环境、信息等要素相互映射、适时交互、高效协同的复杂系统，实现系统内资源配置和运行的按需响应、快速迭代、动态优化。电力网络广泛使用广域传感和测量、高速信息通信网络、先进计算和柔性控制等技术，伴随越来越多设备通过电网、通信网两个网络互连，智能电网将持续演进成为电力信息物理系统，通过电网信息空间与物理空间的反馈循环，实现深度融合和实时交互来增加或扩展新的功能，以安全、可靠、高效和实时的方式监测或控制电网物理设备或系统。

电力信息物理系统主要包括电力物理系统、电力通信系统和信息决策系统，涉及的关键技术包括：电力信息物理系统架构构建技术、电力信息物理系统统一建模技术、电力信息物理系统安全性与可靠性技术、电力信息物理系统优化与控制技术、电力信息物理系统信息支撑技术、电力信息物理系统信息安全技术、电力信息物理系统仿真技术等。

1.3.6　智能电网信息安全技术

信息安全技术是防止偶然发生的或信息未授权者对信息的恶意泄露、修改和破坏的技术总和。信息安全的含义是动态发展变化的，信息安全态势不断演进，防火墙技术、漏洞扫描技术和入侵检测技术等主要的信息安全技术不断推陈出新。智能电网运行将高度依赖信息的双向通信，实时信息需要从各环节流入流出。信息失效可能对智能电网安全可靠运行造成严重影响，信息安全变得尤为重要。为此，对信息的保密性、完整性和可用性等关键标准提出了更高的要求——近乎“零容忍”，以“横向隔离、纵向加密”为特征的电力信息安全体系被提出，并逐步实施，如控制电网的 SCADA 系统需要与其他管理信息系统或商业应用客户服务系统相隔离。尽管如此，信息失效导致影响物理系统运行的事故多次发生。2015 年年底，乌克兰停电事件是第一个已知的信息网络攻击引发大规模停电的实例，使全球能源生产运行技术人员重新审视并高度关注信息安全问题。

智能电网信息安全技术主要包括密钥技术、计算机病毒和病毒防护技术、防火墙技术、身份认证技术、数字签名技术、信息安全标准等。为了应对智能电网日益严重的安全威胁，需要从安全技术、安全体系、政策法规等角度，采用综合措施以提升当前电网的信息安全水平。

1.3.7　其他技术

放眼当下，科学技术快速更迭，区块链、高性能计算等新兴技术也能有效支撑智能电网的功能实现，信息工程领域中能有效助推智能电网建设与发展的新技术也属智能电网信息工程学科的分支方向。

区块链技术是一种公开透明的、去中心化的数据库。在数据生成方面，数据资源由全部网络节点共享，运营者更新，同时受到系统全体成员的监管。在数据使用方面，所有参与者都可访问和更新，并确认数据的真实可靠性。智能电网中的大量智能化发输配用及储能设备迫切需要区块链技术在计量认证、市场交易、协同组织、能源金融不同环节中发挥重要作用。未来智能电网的区块链技术将在异步共识网络的容错能力提高、数字身份认证技术、数据的安全性和防攻击能力等各方面展开。

高性能计算是由多个处理器构成高性能群集实现问题的并行计算，按照子处理器关系是否紧密分为高吞吐计算和分布计算两种。智能电网本身的非线性实时复杂性可能带来分析计算的维数灾难，要求高性能计算方法提供有效的解决途径。智能电网的高性能计算技术研究主要分为硬件和软件两个层面，硬件层面包括智能电网环境下网络结构的优化设计和节点设备的高效配置等问题；软件层面包括通信接口的标准化、高性能群集管理软件设计等问题。

与智能电网信息工程学科主要分支方向相呼应，本报告重点聚焦智能电网通信技术、智能电网大数据技术、智能电网人工智能技术、智能电网物联网技术、电力信息物理系统技术，通过本学科国内外发展现状的分析，进行学科预测与展望的同时，按中短期（2035 年）和中长期（2050 年）制定了学科路线图。此外，针对本报告重点聚焦的领域均设立了专题论述，并在智能电网通信技术、智能电网大数据技术和电力信息物理系统技术等专题论述中有针对性地介绍了相关的信息安全内容。

2 国内外发展现状

2.1 智能电网发展现状

世界各国已针对智能电网展开了深入研究，相关建设也已全面启动。众多国家都结合自身特征确立了智能电网的研究、建设目标、行动路线及投资计划。鉴于不同地区的监管机制、电网基础设施的现状和社会经济发展情况的不同，各地的智能电网侧重点也有所不同。

美国在智能电网研究方面起步较早。早在2001年，美国电力研究院（Electric Power Research Institute，EPRI）就首次提出IntelliGrid的概念，旨在融合最新的信息及控制技术，重点开展了智能电网整体通信体系架构研究，实现对其既有电力系统的智能化改造，提升安全运行水平、资产管理水平和供电服务能力[3]。随着可再生能源的大规模开发及并网运行，以及电动汽车的商业化应用，智能电网的重要性进一步拓展到能源及交通等领域。美国智能电网研究与发展的重点领域包括电网基础设施、电动汽车、储能、智能用电以及信息技术与电网深度融合等方面[4]。美国能源部发布了一份名为《Grid 2030——电力下一个100年的国家设想》的报告，并成为美国电力改革的纲领性文件，描绘了美国未来电力系统的设想，并确定了各项研发和试验工作的分阶段目标。先期完成的综合能源及通信系统体系结构（Integrated Energy and Communication Architecture，IECSA），以及随后延伸的智能电网体系结构（Intelligrid Architecture），都是由美国EPRI创建、通用电气公司（GE）管理，有UCA、SISCO、Lucent、EnerNex、Hypertek等公司共同参与。

欧洲智能电网发展重点围绕多类型新能源消纳与利用这一核心问题。通过智能电网实现电网运行数据信息标准化和透明化、间歇式电源预测与优化调度、高度自动化的全系统远程控制、高度信息化的电力市场建设等目标[5]。2005年，欧洲成立了“欧洲智能电网技术平台”组织。该组织发布了《未来的欧洲电网——愿景和策略》《未来的欧洲电网——战略性研究议程》《未来的欧洲电网——战略部署文件》等一系列文件，全面阐述了欧洲智能电网的发展理念和路线图，提出了欧洲智能电网的研究策略和重点任务，主要包括智能配电系统、智能电网运行、智能电网资产管理、欧洲智能互联电网、智能电网交叉学科问题5个研究领域，其优先关注的重点领域包括：①优化电网的运行和使用；②优化电网基础设施；③大规模间歇性电源集成；④信息和通信技术；⑤主动的配电网；⑥新电力市场的地区、用户和能效。

日本智能电网从研究体系架构上分为家庭、区域和国家3个层面，各层具有不同的功能定位。家庭和建筑层面包括智能住宅、零能耗建筑、家用燃料电池、蓄电池、电动汽车等，目的是实现能源高效利用、减少排放；区域层面是通过区域能量管理系统，保证区域电力系统稳定，并依托先进通信及控制技术实现供需平衡；国家层面则是构筑坚强的输配电网络，实现大规模可再生能源的灵活接入[6]。日本电网的基础设施相对完善，从发电站到各配电网都具有现成的传感器网络与通信网络，可以监控电力情况，已经具备很高的通信功能，且一直在维护并增强这方面的功能。

2011年以来，我国将智能电网建设作为能源电力发展的重要战略[7]，国务院、科学技术部、国家发展和改革委员会、国家能源局等先后出台了《智能电网重大科技产业化工程“十二五”专项规划》《能源生产和消费革命战略（2016—2030）》《能源发展“十三五”规划》《电力发展“十三五”规划（2016—2020年）》《电动汽车充电基础设施发展指南（2015—2020年）》《关于促进智能电网发展的指导意见》《中国制造2025——能源装备实施方案》等一系列文件，大力推动智能电网的发展[8]。在《国家“十二五”科学和技术发展规划》《“十三五”国家科技创新规划》等国家重大战略规划中，都将智能电网纳入大力培育和发展的战略性新兴产业，明确提出了发展智能电网的指导思想和发展目标。在国家有关部门的支持和全社会的共同努力下，我国智能电网研发及建设取得了很大的成就[9]。

虽然国内外智能电网发展的侧重点略有不同，但总的发展思路和发展目标基本一致，其主要体现在：①积极推动低碳能源电力系统建设，加强可再生能源的开发利用，提高电网大规模消纳可再生能源的能力；②加强区域电网互联，实现信息通信和传感技术与电网的深度融合，通过电力基础设施智能化改造，提升电网安全、可靠、经济运行水平；③大力发展配用电侧智能电网关联产业，包括配电自动化、智能家电、智能电表、物联网、储能等，积极推动分布式能源与微电网的应用；④构建高度信息化的电力市场，以用户侧分布式电源、广泛的需求侧管理和实时的电价政策等为特征构筑更灵活的电力市场和商业模式，提高电力用户和电网的互动性；⑤借助政府资金引导，吸引社会机构和企业广泛参与，利用各种力量共同推进智能电网技术的发展，推动先进智能电网技术和装备的研发，抢占国际能源电力领域的技术和产业制高点。

2.2 智能电网信息工程发展现状

2.2.1 先进通信技术

随着各类智能电网设备、电力终端、用电客户的通信需求爆发式增长，迫切需要满足智能电网各类应用的实时、稳定、可靠、高效的先进通信技术，以实现系统状态的监测和信息采集，激发电力运行新的作业方式和用电服务模式[10]。其中，5G 技术作为新一轮移动通信技术发展方向，为智能电网通信提供了一种更优的无线解决方案。5G 有着超高传输速率、超大容量带宽、海量连接数和低时延低功耗等优点[11]，其丰富的垂直行业应用将为电力系统带来更多样化的业务需求，可以更好地满足电网业务的安全性、可靠性和灵活性需求，将改变传统电网业务运营方式和作业模式，为用户提供定制化服务，满足用户的差异化需求[12]。

当前，5G 技术蓬勃发展，前景可期，全球将于 2020 年前后实现 5G 商用。美国在 2018 年 9 月推出“5G 加速发展计划”，在频谱、基础设施政策和面向市场的网络监管方面为 5G 发展铺平道路[13]；韩国 3 家电信运营商于 2019 年正式推出 5G 商用服务；日本运营商目前正在积极推动以增强移动宽带为主的应用研究，日本总务省将 5G 技术在智能电网中的应用纳入了新型商业模式中。

2018 年 5 月，南方电网与中国移动、华为签署 5G 使能智能电网，三方联合发布《5G 助力智能电网应用白皮书》并签署战略合作框架协议，明确 5G 可以更好地满足电网业务的安全性、可靠性和灵活性需求，实现差异化服务保障[14]。2018 年 6 月，国家电网与中国电信、华为在 2018 世界移动大会期间联合演示了业界首个基于 5G 网络切片的智能电网业务[15]，从端到端 SLA 保障、业务隔离性和运营独立性等视角展示了 5G 网络切片对智能电网带来的全面提升；2019 年 6 月，国家电网与中国电信和华为联合 IHS Markit 联合发布了《5G 网络切片使能智能电网商业可行性分析》产业报告[16]，第一次从定量的角度探索了5G电力切片的商业可行性；我国“十三五”规划纲要也明确提出“积极推进第五代移动通信（5G）和超宽带关键技术，启动5G商用”。目前，国家电网在巡检、配电网状态监测、大数据采集、准负荷控制、配电自动化等应用方面都在积极推动5G技术的研究和落地，应用潜力巨大。

随着通信技术的不断发展，量子通信作为一门新兴交叉学科从根本上保障了信息通信的安全，具有高效、无条件安全等特点，可以通过“一次一密”保障信息安全，同时可以通过量子状态侦测安全攻击，这是传统通信方式所不具备的。因而在智能电网中的应用也受到越来越多的关注[17]。

2012年，美国洛斯阿拉莫斯国家实验室团队研究和展示了量子保密通信系统用于加密电网数据和控制指令，已开发出应用于电力网络的量子保密通信系统。2012年在加利福尼亚州成立的GridCOM公司，开始应用量子保密通信技术到电力系统当中，可实现不间断机器到机器的服务（M2M）。近年来，包括AT&T、贝尔实验室、IBM、惠普、西门子、日立、东芝在内的世界著名公司对量子通信技术投入了大量研发资本，介入了其产业化开发。

在我国量子通信方面，中国电力科学研究院与中国科学技术大学研究团队开展了电力量子保密通信方面科研项目[18]。通过对具备量子通信功能的安全通信系统与传统加密系统的安全性进行比较，提出量子通信对传统加密设备的安全性增强策略，并从现有电力通信网络的安全性特点出发，给出了电力系统多用户应用场景下的量子密钥分配、存储和管理机制实现方案[19]；2015年，中国电力科学研究院与中国科学技术大学合作开展“电力工业量子通信网”研发，搭建首个电力工业量子通信网，初步规划为点对点网络，在电网实用数据传输网络环境下部署量子通信设备，承载语音、视频等业务。

总体来看，先进通信技术在智能电网的应用还有巨大潜力需要挖掘，核心技术的突破及其实用化、标准化的进程依然紧迫。电力企业应与科研院所、电信运营商、通信设备厂商，依托智能电网信息工程学科共同引领电力通信领域技术突破，根据业务应用需求及支撑条件，开展业务应用示范验证，支撑智能电网的数字化、信息化、智能化、安全化的可持续发展。

2.2.2 大数据与云计算技术

随着电力信息化的推进，电力数据的规模和种类呈现出爆炸性增长的态势。这些数据共同构成了智能电网大数据[20]。依托大数据与云计算，智能电网技术应用水平可获得显著提升[21]。

2012 年以来，国内外各类研究机构、高校、IT 企业、电力公司等均开展了智能电网大数据研究和工程应用[22]。在国外，基于政府及市场引导，大量 IT 企业如 IBM、Oracle、西门子等，陆续发布了大数据白皮书；IBM 和 C3-Energy 研发了面向智能电网的大数据分析系统；Oracle 提出了智能电网大数据公共数据模型；EPRI 等研究机构启动了众多智能电网大数据研究项目。从应用角度，美国太平洋燃气电力公司、加拿大的 BC Hydro 等电力公司基于用户智能量测用电数据开展了大数据技术应用研究，从不同角度提升了电力系统运行水平，甚至将其应用于产业决策、案件侦办等领域。在国内，中国电机工程学会发布了电力大数据白皮书；科学技术部于 2014 年下达了 3 项“863”计划项目，大力支持智能电网大数据研究与应用；自 2012 年以来，国家电网公司陆续启动了多项智能电网大数据研究项目，如江苏省电力公司于 2013 年年初率先开始建设营销大数据智能分析系统，开展了基于大数据的客户服务新模式应用开发研究；北京市电力公司也正在积极推进营配数据一体化基础上的智能电网大数据应用研究；2019 年国家电网有限公司大数据中心揭牌成立，目的是全面推进电网大数据分析应用管理实践，规范核心数据管控，实现数据管理资产化、分析挖掘智能化、监测监控全景化、成果共享最大化。南网电网公司成立了大数据中心，汇聚了全网经营管理数据和部分电网运行数据，具备 PB 级数据存储、秒级数据处理能力，全面推动“数字南网”建设，并联合华为技术有限公司，共同开展大数据处理及应用研究。

大数据与高性能计算相辅相成，离开云计算的大数据属于无水之源[23]。在美国数千万智能电表的数据支撑下，美国顶级 IT 企业 IBM、英特尔、微软、谷歌、苹果、亚马逊及云计算新贵赛富时（Salesforce）等，均在智能电网云计算技术领域展开研究，并占领大量市场；英国 C&W 电信公司则启动了英国智能电网云计算方案，利用全英 5200 万个智能电表的数据为电网提供运行支撑；日本智能电网提倡“能源信息化概念”，注重利用云计算解决家庭与社区的高效率用电问题，开发了家电对电力与能源消费的“可视化”控制体系和电力信息传送控制平台。在我国，国家电网建成智能电网云仿真实验室，重点开展智能电网云操作平台、智能电网云分布式数据库、智能电网调控云平台、智能电网云资源虚拟化管理平台和基于智能电网云操作平台的十大典型应用等；南方电网开展了智能电网信息支持技术研究、智能电网的信息技术体系研究、智能电网与信息技术综合研究及云计算在电力行业的高级应用等课题研究，是智能电网云计算技术研究工作的重要组成部分[24]。

总体来看，智能电网大数据与云计算的研究和应用已取得了一些成效，但研究成果依然比较粗糙，不成体系，研究和应用尚处于起步和探索阶段。为此，充分借鉴国内外研究成果，依托智能电网信息工程开展适用于智能电网的大数据与云计算技术研究，可有效提升电网的运行管理水平和为社会及用户的服务水平。

2.2.3 人工智能技术

为实现智能电网的安全、稳定运行，不断改善电网薄弱环节，各国开始大力推进人工智能技术在智能电网中的应用，以更有效地利用海量电力数据，加强对重大及应急事件的应对与处置能力[25]。

谷歌公司率先将人工智能技术用于用电管理效率提升，基于机器学习算法，优化公司下属大数据中心的负载及冷却系统，用电量削减达15%，节约了数亿美元电费[26]；同时，谷歌公司旗下人工智能公司 DeepMind 与英国 National Grid 开展合作，将人工智能技术逐步应用至英国电力系统的调控及运维环节，以充分利用可再生能源，降低供电成本，其目标是通过人工智能技术将国家能源消耗削减 10%；美国斯坦福大学基于数据驱动技术，将人工智能应用于电网稳定性提升；美国通用电气公司提出，未来发电企业、电力部门和电网运营商应改变原有的商业模式，转向数字化战略，并基于人工智能技术寻求突破。

目前，国家发展和改革委员会及国家能源局、工业和信息化部都将人工智能纳入发展规划与战略[27]，强调人工智能与各行业的融合与应用；中国电力科学研究院成立了人工智能应用研究所，重点突破人工智能技术在智能电网运维、调控等领域的应用；国家电网山西电科院电力系统人工智能联合实验室（山西）针对当前运检模式变革需求和智能运检发展趋势，积极开展“四化”，即成像技术全面化、影像处理机器化、机器巡检自主化和运检工作智能化；2017 年年底，百度公司宣布与南方电网广东公司签署战略合作协议[28]，携手推动电力产业的智能化升级，通过引入百度人脸识别、图像识别、自然语言理解、大数据等 AI 能力，在电力系统的客户服务、信息化建设、能源服务、生产运行、电力调度、科技研究等领域开展深入合作，以人工智能核心技术能力为基础，全面覆盖发电、输电、配电、售电、用电等环节。

从目前的技术应用来看，当前人工智能技术与智能电网的结合一方面关注对可再生能源发电波动等海量、高维、多源数据进行深度辨识和高效处理，实现多时间尺度全面感知和预测[29]；同时，人工智能技术可为电网在线安全评估及控制提供全新思路，深度学习可借助深层模型强大的学习能力，自动提取电网关键数据特征，并完成系统状态分类评估，实现特征提取与分类分析的有机统一；在电力系统的巡检方面，借助智能巡检机器人和无人机可以实现规范化、智能化作业，提高运维效率和安全性；精确负荷预测一直是人工智能技术应用非常广泛的场景，借助深度学习的特征抽象优点能够捕捉复杂因素对负荷的影响，在提高模型预测精度的同时兼顾了模型的泛化能力[30]。

可以看出，人工智能是未来智能电网的核心内容之一，人工智能的发展可为电网智能化提供重要技术支撑。虽然目前人工智能技术在智能电网各专业领域已有较多的应用，但总体上还停留在初级研究阶段，离实际工程应用尚有差距。但可以肯定的是，人工智能可为智能电网发展带来无限可能，但从可能到可行再到可用，任重而道远，依托智能电网信息学科开展相关研究具有重要意义。

2.2.4 电力物联网技术

电网结构发生变化、企业经营遇到瓶颈、社会经济形态发生改变是电力企业未来面临的三大挑战。互联网作为一种新的生产消费模式，已成为价值再造的核心要素与经济发展的新动能。近年来，国外出现两个与工业和信息密切相关的新概念，即美国的工业物联网以及德国的工业 4.0[31]，涌现了如 Altizon、FogHorn、SeeQ 等一大批知名物联网企业，带动了经济社会的巨大进步。随着我国深化改革步伐不断加大，市场竞争环境日趋激烈，国家进一步重视科技创新，尤其是互联网技术及其对各行业能力提升作用。“互联网 +”作为国家战略行动计划，党中央、国务院已提出明确的方针、路线及目标任务[32]。

在全球，包括中国在内的很多国家将物联网和智能电网上升到国家战略高度。对于物联网技术在智能电网的应用领域，美国最早提出物联网的概念，并将其应用于全美第一个智能电网城市——科罗拉多州博尔德市，实时高速双向通信网络、远程监控与准实时数据采集通信是其重要特色；欧洲电力物联网技术关注基于双向信息交互的智能终端，实现了信息的实时采集与命令快速下发[33]；在此基础上，基于虚拟电厂的需求侧响应技术在欧洲获得了重要应用；考虑到日本电网已拥有完备的通信能力，其电力物联网技术重点关注智能芯片与传感器、智能电器技术，以及智能监测技术的研发与应用，可实现对电网的全环节的精细化运维与管控，促进了可再生能源的消纳，系统运行效能处于全球领先水平。

2019年，国家电网提出要全力打造“泛在电力物联网”，并以此为依托建设世界一流能源互联网企业[34]。泛在电力物联网可充分应用移动互联、人工智能等现代信息技术和先进通信技术，实现电力系统各个环节万物互联、人机交互，打造状态全面感知、信息高效处理、应用便捷灵活，为电网安全经济运行、提高经营绩效、改善服务质量以及培育发展战略性新兴产业提供强有力的数据资源支撑，为管理创新、业务创新和价值创造开拓一条新路，并在大规模源－网－荷互动、电动汽车智慧充电、用户能效提升、智慧用电、电力运维及保障等领域开展了大量研究与应用。“透明电网”也是物联网与智能电网结合的典范应用[35]，南方电网公司提出未来用3~5年的时间，基于透明电网相关技术，实现粤港澳大湾区电力生产消费协同和一体化，在规则的允许下，人人可以获取系统数据、使用系统数据，使电力安全高效、绿色低碳自由获取。

总体来看，电力物联网技术研究和应用目前尚处于起步阶段。相关技术与智能电网的结合尚不充分，示范应用需要上下游企业的协同配合。电力物联网技术是智能电网领域的颠覆性成果，必将成为智能电网信息工程的研究重点内容之一。

2.2.5 其他技术

当前第四次工业革命方兴未艾，一大批以区块链、边缘计算、数字孪生、信息物理系统和虚拟现实与增强现实为代表的新技术飞速发展[36]，这些新技术可以支持更多先进的通信与信息技术与智能电网进行深度广泛的融合，支撑智能电网全面升级，并提升智能电网运行水平[37]。

自2008年被提出以来，区块链技术凭借其去中心化、安全可靠、不被篡改的特性，被国内外广泛研究，并初步应用于“智能电网”[38]。欧美主要国家目前多倾向于区块链技术的商业开发，美国初创公司LO3 Energy在纽约布鲁克林区推出了基于区块链技术的智能电网售电项目；德国Conjoule公司建立了用于光伏售电的P2P市场，智能电网内所有的电力交易均可被记录在区块链平台上；法国Greenflex与Blockchain Partner合作，基于区块链打造智能电网内的本地能源闭环，提高智能电网运行水平；英国还尝试以区块链技术推动多能互补，不同能源系统通过动态共享数据，优化自身系统，缓解能源供需矛盾；日本在研究区块链优化能源交易模式的同时，还将区块链技术应用于碳交易市场，数字化碳交易市场，提高交易的透明性、有序性。我国IT企业百度、阿里巴巴、腾讯等都已经对区块链技术进行了战略布局，2016年12月15日，国务院印发的《“十三五”国家信息化规划》中包括了区块链技术，国家电网公司积极跟进，加快推进区块链技术在智能电网和能源场景的研究应用。目前，能源区块链建设成果已在光伏并网等多个场景实现了落地应用，实现了基于区块链的光伏并网签约和电子发票查验。国网电商公司推出了“区数据之块，链天下以信”的区块链平台；国家电网推出了利用区块链技术的统一积分系统，基于该平台系统，可实现在数据资源不泄露的前提下的数据多源交叉验证与共享。可以预见，区块链技术以其迅猛的发展势头、巨大的发展潜力，将在智能电网的发展建设中发挥积极作用。

随着电力物联网、大数据和云计算技术的发展，大量的设备接入智能电网，会占用大量的网络资源用于传输海量数据，而边缘计算技术为海量设备接入的智能电网提供了一种低成本、高效率的数据处理和设备控制方案[39]。当前欧美等主要发达国家多关注将边缘计算技术与物联网设备相结合，从而应用于智能电网。美国谷歌、亚马逊、微软先后推出了可大规模开发和部署智能联网设备的产品；欧洲电信标准协会成立了工业规范组，推动边缘计算的标准化，构建含智能电网应用的生态系统和价值链；英国基于边缘计算对全英 5200 万个智能电表进行智能运检处置，从而实现较好的实时性，提供更佳的用户体验；日本关注于将边缘技术应用于智能电网内的智能家居设备，如智能照明、智能空调等，借助边缘计算的优势，保证用户的隐私不被泄露并实时协调多个智能设备。2019 年 3 月，国家电网明确提出了建设泛在电力物联网，将智能电网的概念提升到一个新的深度和广度。目前国家电网公司接入智能电表等各类终端 5.4 亿台，日采集数据超过 60TB，边缘计算设备可以解决数据与设备的异构性问题，对解决泛在电力物联网的网络阻塞问题提供了合理解决方案。作为云计算平台的有力辅助，边缘计算技术可以广泛应用于智能电网优化、电力数据传输、电力应用轻量化以及服务智能化等方面，有助于完成电网普通设备的智能化扩展，实现传统电网系统的智能化改造，致力各类智能技术在智能电网的效能最大化。

数字孪生技术以数字化方式创建物理实体的虚拟模型，借助数据模拟物理实体在现实环境中的行为，从而实现控制系统、调度算法测试、风险评估和预测、人工智能辅助决策等功能[40]。数字孪生技术需要通过泛在传感网络提供海量系统状态数据，目前国内外均处于试验研究阶段。美国壳牌公司通过数字孪生技术实现区域智能电网建设的项目检测；英国在海上风电的建设项目中引入数字孪生技术，优化电缆设计方案，提高施工质量；日本倡导建设智慧城市，构建含智能电网的城市数字孪生模型，提高城市能源利用效率。我国在数字孪生的技术研究和应用方面处于世界前列，国家电网公司在输变电工程中大力倡导三维设计技术，基于数字化的三维设计技术，已经使输变电设计水平提升到了一个新高度。天津 110kV 游乐港“数字孪生”智能变电站于 2019 年年底投运，实现了对变电站的全域和全生命周期管理，为智能电网实时监控、预警维修提供了有效指导。总之，数字孪生技术将为智能电网行为预测、精细控制和优化运营提供有力支持。

信息物理系统具有广阔的发展前景，作为电力系统未来的技术发展方向，各国政府及组织纷纷开展信息物理系统相关领域探索[41]。美国在 CPS 标准制定、学术研究、工业应用等方面都处于领先地位。2008 年 3 月，美国 CPS 研究指导小组将 CPS 技术应用于能源、国防、交通、农业、医疗等领域；2014 年 6 月，美国国家标准与技术研究院成立 CPS 公共工作组（CPS PWG），以便开展 CPS 关键技术问题研究；该组织于 2015 年着手 CPS 测试平台组成以及交互特性研究，于 2016 年发布《信息物理系统框架》。德国国家工程院于 2013 年提出工业 4.0 概念，指出 CPS 通过智能设备之间的通信和交互，将虚拟系统和物理系统融合成为一个真正意义上的网络化系统，并从技术、政策等角度出发分析了 CPS 发展中所面临的挑战与商机；德国人工智能研究中心于 2016 年成立了世界首个已投产的信息物理生产系统实验室。2015 年 7 月，《信息物理欧洲路线图和战略》发布，昭示着 CPS 对欧洲发展具有重大战略意义。中国也先后出台了《中国制造 2025》和《国务院关于深化制造业与互联网融合发展的指导意见》，全面部署推进制造强国战略实施，加快推进我国从制造大国向制造强国转变，把发展 CPS 作为强化融合发展基础支撑的重要组成部分，明确了现阶段 CPS 发展的主要任务和方向。从 2009 年开始，CPS 逐渐引起国内有关部门、学者以及企业界的广泛关注和高度重视。2015 年，国家“863”计划“配电信息物理系统关键技术研究及示范”项目，主要研究利用现代通信、计算机和控制技术，研发支撑多源异构配电网安全可靠运行的电力信息与控制一体化综合系统，攻克多源异构配电网的协同控制和网络安全等关键技术。2017 年的国家重点研发计划智能电网技术与装备专项，设置了“电网信息物理系统分析与控制的基础理论与方法”项目，揭示电网信息物理过程交互机理，构建信息与能量高度融合的电网分析与控制理论体系，研发电网 CPS 综合仿真平台，为智能电网乃至新一代能源系统的运行控制提供理论基础支撑。

总体来看，区块链、边缘计算、数字孪生、信息物理系统和虚拟现实与增强现实等技术目前仍然停留在理论阶段和初期应用阶段，技术成果转化仍然需要大量的时间，但这些技术将与大数据、云计算、电力物联网等技术相互融合、相互补充，可全面带动智能电网的技术创新、效率提升和效能优化。

3 学科发展预测与展望

21 世纪以来，信息技术的飞速发展推动人类进入了信息革命时代，加速了信息与各技术领域和产业融合，成为新一轮科技革命和产业变革的主要驱动力。因此，世界各国纷纷把信息工程技术领域作为技术研究和产业发展重点，予以大力推动发展，力图抢占未来竞争制高点。信息工程技术与能源领域的深度融合是实现我国智能电网建设发展目标的有效实现途径。结合重大理论问题、国际研究动向和智能电网建设需求，未来智能电网信息工程学科将会在智能电网通信技术、智能电网大数据技术、智能电网人工智能技术、智能电网物联网技术、电力信息物理系统技术等方向发展突破，这将更好地实现智能传感与物理系统相结合、数据驱动与仿真模型相结合、辅助决策与运行控制相结合，从而有效提升驾驭复杂系统的能力。下面对上述 5 个学科发展领域进行详细分析，并对其未来发展方向进行预测和展望。

3.1 智能电网通信技术

3.1.1 未来挑战与需求

智能电网是能量流和信息流的耦合系统。随着智能电网应用场景的不断丰富，各类电力业务对电力通信网络的覆盖程度和传输性能提出更高的需求。目前，应用于智能电网中的通信技术种类繁多，并且借助多元化的通信技术可以在广域内使得数据在智能电网不同终端与应用间传输，满足智能电网对通信系统的需求。

表 1–3–1 给出了当前和未来可应用于智能电网中的各类通信技术，从频段、传输速率、覆盖范围及应用场景给予分析。同时，从表中分析可看到，每种通信技术有它自身的局限性，是否能够满足未来智能电网的传输需求，以及各自的适用场景都亟须深入研究。

表 1-3-1　智能电网常用通信技术

	通信技术	频段	传输速率	覆盖范围	应用	局限性
有线通信	光纤通信	波分复用 WDM	100Gbps	100km	电力通信骨干网	施工成本高，分路耦合不便
	电力线载波	窄带电力线载波（< 500kHz）	10kbps	1km	电力通信接入网	带宽窄，抗干扰能力差，不可穿越电气隔离装置
		宽带电力线载波（0.7~12MHz）	10Mbps	500m		
无线通信	ZigBee	430MHz 2.4GHz	250kbps	1~3km	智能家居	通信距离短，数据传输速率低
	Wi-Fi	2.4GHz 5GHz	100 Mbps	30~300m	AMI，智能家居	通信距离短
	NB-IoT	934~944 MHz 1820~1830MHz	160kbps	15km	AMI，负控终端，配电自动化终端	数据传输速率低
	电力无线专网	223~235MHz	15Mbps	3~30km	配电自动化	建设运维成本高，与无线公网兼容性低
	5G 无线公网	3.3~3.6GHz 4.8~5GHz	10Gbps 100Mbps	300m	高级量测，配电运行，输电运行，资产管理	信号穿透率低，目前建设 / 运营成本高
	6G 无线公网	FR1：450M~6.0GHz FR2：4.25~52.6GHz	更高速率	更近距离		

具体分析未来智能电网对通信技术的挑战，其主要集中在以下几个方面。

（1）现有电力通信网络多采用专网搭建，受到成本、建设周期等多因素约束，难以满足快速增长的电力大数据的传输要求，即较大通信带宽的需求。同时，电力应用场景复杂多样，电力通信网络需要深入到发电站、变电站、输电线路、用户域等具体工业现场，造成的较高的网络背景噪声以及传输延时和丢包等问题也使得当前电力通信技术面临着巨大挑战。

（2）未来电力物联网将实现泛在感知，数以万亿计的具有通信能力的传感器节点或物联网终端需要接入电力通信网络中，这对于通信网络架构、接入模式以及通信节点管理方式都提出了更高的要求。

（3）传统电力系统发展过程中，由于多种历史原因造成电网包含大量的独立运行系统；通信侧存在不同设备通信制式以及通信协议不兼容；信息侧由于业务管理问题，存在大量信息孤岛的问题，如何突破信息孤岛，建立统一的通信规约成为智能电网未来发展过程中的又一挑战。

（4）未来智能电网将成为整个能源系统的核心枢纽，大量的异构和未知终端将接入，这就使得信息安全与用户隐私数据保护需要重点关注。为防止数据在通信通道中被阻隔、泄露或篡改，保障网络通信安全性和可靠性；同时又要兼顾电力通信的实时性需求，则需要提出新型的安全认证与防护机制，建立新型安全隔离技术与策略，有效抵御电力通信网络安全风险。

3.1.2　技术预测与展望

通信技术、信息技术以及计算机网络技术的高速发展必将为电力通信领域带来创新与变革，其技术发展预计将会聚焦在以下几个方面。

（1）在智能电网通信无线接入方面，开放、共享的电力系统未来发展目标必然要求电力通信系统具有更强的终端接入和传输能力，将数以万亿计的物联网终端按需接入电力通信网络，因此具有更高带宽以及海量连接能力的5G/6G和具有低功耗、大链接的NB-IoT等无线接入技术将会被重点关注和研究，并在智能电网中逐步应用。这其中的关键技术主要包括：网络切片技术、移动边缘计算技术、大连接巨址通信技术和太赫兹巨量通信技术。

（2）在智能电网骨干光传输方面，将会重点研究100G OTN的骨干传输技术，并逐步建设OTN核心骨干传输网，最终平滑演进至自上至下基于软件定义网络（Software Defined Network, SDN）软件定义高可控的OTN网络，满足未来智能电网、能源互联网对高速、安全、可靠传输的需求。同时，在光传输技术基础上，着力推进弹性光网络技术与智能光网络技术的发展，根据不同电力业务带宽需求灵活分配通信资源，显著提升网络的智能化和敏捷性。

（3）在智能电网数据传输技术方面，随着SDN/NFV（Network Function Virtualization，网络功能虚拟化）技术的不断发展，将实现通信网络的可定义化、虚拟化、切片化以及集中管理，能够满足未来异构数据对通信网络的多样型业务服务需求。重点技术领域包括电网通信业务切片资源映射与动态优化、新型数据通信架构设计与通信网络资源柔性调度。

（4）在电力通信网络安全方面，将在混合数据加密技术、量子保密通信技术以及基于人工智能的安全防御技术等方向重点研究，以期获得重大突破，从而真正保证能源电力的安全生产、稳定运行以及企业/用户的隐私信息安全。

3.2 智能电网大数据技术

3.2.1 未来挑战与需求

目前，国内外在智能电网大数据技术研究方面仍然处于起步阶段，相关研究和实践中也面临着诸多挑战。

首先，对于智能电网大数据技术的价值、主要应用领域、应用场景、研究方法以及其与传统方法的关系、研究工作的长期性和复杂性等方面仍然缺乏共识，对智能电网大数据技术的能力、价值、应用成效尚存在疑问。其次，智能电网大数据的优质数据源获取存在一定的难度，由于电力行业内部数据受到竖井式管理与数据安全两个方面的影响，这给电力内部数据的跨专业顺畅流通和融合带来了困难；由于智能电网数据采集范围巨大以及相当数量的传感器都工作在恶劣的环境之中，获取到的数据质量在采集源头、通信通道、系统入库等环节会受到不同程度的影响，这些都给后续的数据分析利用带来了障碍。再次，由于智能电网大数据缺乏权威的指导与规范，也缺乏一致的评测标准以及评价体系，导致目前智能电网大数据的应用场景设计、数据获取和应用开发都带有尝试性和实验性质，影响了研究成果的工程应用水平和认可程度。最后，由于智能电网大数据技术涉及数学、电气、通信、计算机等多个学科，每个应用场景往往也需要跨越众多领域，这对研究人员的背景和素质提出了很高的要求。

智能电网大数据技术对智能电网的发展目标的实现可起到重要支撑作用。图1–3–1 展示了智能电网的特点与需求、大数据对其的支撑[42]。由图可知，智能电网大数据技术的研究目的应充分满足用户对电力服务的需求，优化电网资源配置，确保电力系统的安全性、可靠性和经济性。因此，未来随着智能电网大数据技术的发展，其必将能够有效提高电网接纳新能源的能力、提高电网安全稳定性和供电可靠性、提高电网运行的经济性和智能电网对用户和社会的服务水平。

智能电网对于大数据技术的需求需着重在以下几个方面。

（1）风、光等新能源的接入，新能源以及电动汽车的快速普及，这些都给电网的规划和运行带来新的挑战。借助智能电网大数据技术，对智能电网外部数据以及内部数据进行多尺度分析和关联分析，以实现智能电网的负荷精细预测，对需求响应资源、储能系统等灵活资源进行评估和状态预测，为智能电网的规划和运行决策提供依据。

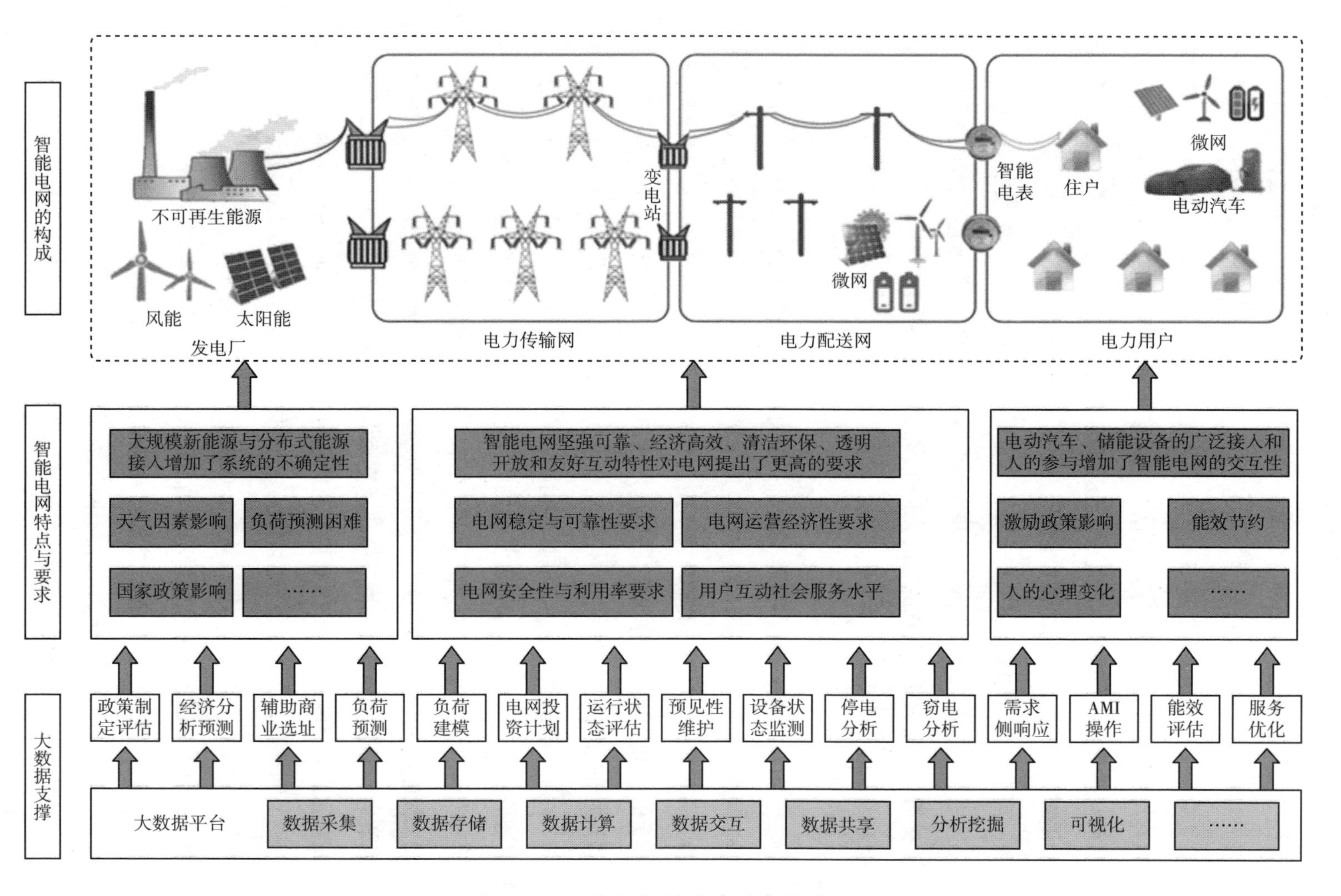

图 1-3-1　大数据技术支撑智能电网

（2）随着智能电网与物联网的深度融合，对电力物联网以及电力信息物理系统产生的大数据以及社会经济数据进行分析，可更准确地掌握用电负荷和变化规律，提高中长期负荷预测的准确度，及时发现预测智能电网中存在的设备过载隐患以及系统安全稳定风险，为升级改造、提高智能电网的可靠性提供依据。

（3）基于智能电网的海量历史数据，参考天气、环境等外部数据，智能电网大数据技术可对系统设备的运行效率进行多维度精细化分析，探寻提高系统运行效率的措施，优化相关控制调度算法，提高电网运营的安全性和经济性。

（4）基于用户用电数据、用户本身经济数据以及国民经济政策数据等外部数据，智能电网大数据可对用户用电类型、用电行为等进行分析，为制定需求响应机制提供参考，提高用户满意度，扩宽电力能源行业的发展服务范围。

3.2.2 技术预测与展望

大数据技术的核心价值在于透视数据背后的事物本质和新的方法论带来的创新思维。对于智能电网技术，大数据是解决复杂电网诸多问题的方法路径和支撑手段。对于智能电网运营，大数据将引领经营模式创新与变革，以应对市场变化。智能电网大数据技术仍处于发展的初期阶段，其技术发展预计将会体现在以下几个方面。

（1）随着电力信息物理系统与电力物联网的深度融合，必将构建起基于智能电网和泛在电力物联网的全过程多维数据智能架构，这是一种颠覆性的思维方式，是一种数据驱动的思维模式，其未来发展将形成新的适合本学科的决策范式。揭示这一决策范式转变机理和规律的理论和方法也需要在未来随着技术发展同步演进和完善。

（2）智能电网中数据的结构化/非结构化差异明显、数据类型众多，电力科学计算的时效性和复杂度都对大数据存储和计算力提出了更高要求。因此，未来需要重点关注面向智能电网的云存储和云计算。与此同时，为满足对实时计算、实时决策、实时控制的电网场合需求，边缘计算以及云边协同技术将成为未来发展的重点方向。

（3）电力大数据的安全和隐私是关系电力生产和国家能源安全的关键，因此该问题在当前以及未来都将是研究与探讨的热点。只有实现了智能电网大数据的安全以及电力企业/用户隐私的有效防护，才会使大数据技术真正得以实际应用。

（4）随着智能电网大数据技术在电网各个领域的深入开展，智能化的决策模式将逐步形成，智能化系统提供的决策依据不再是简单的数据与报表，而是根据需求和智能化的分析计算后给出定制化的决策建议，依靠强大的数据基础和智能引擎支撑起智能电网的发展与运营。

（5）在智能电网应用层面，深入各智能电子设备（Intelligent Electronic Device, IED）终端和智能用电装置的PB级（甚至ZB级）大数据将为智能电网的发展带来了巨大的变革。数据语义解析和知识图谱等在电力系统得到普遍应用，其具体表现在风-光清洁能源预测、负荷预测、用户用能行为分析、电网数字孪生、节能措施等各个方面，并将逐步融入电力系统主营业务中，包括电力系统安全稳定分析和控制的辅助决策、可靠性评估以及能源经济和电力市场中。

3.3　智能电网人工智能技术

3.3.1　未来挑战与需求

随着可再生能源的接入、主动负荷（如电动汽车等）的灵活使用，以及区域电网大规模互联，电力系统已经发展成为巨维复杂动态大系统，对其控制和决策变得比之前任何时候都困难，对人工智能的需求更迫切，也更具挑战性。

首先，电力系统向智能电网演进的过程中，已成为结构复杂、设备繁多、技术庞杂的高维度大系统。智能电网处于动态变化之中，相关问题研究中具有非线性、不确定性，多数情况下难以建立精确的数学模型，或者难以单纯用数学模型来描述。即仅依靠传统物理建模分析方法已经很难完成对多物理场耦合系统的确定性模型建立和运行过程分析的要求。而人工智能对具体数学模型依赖程度低，善于从数据中开展自学习和对源域的迁移学习，有望突破上述技术瓶颈。

其次，越来越多的智能电子设备接入，对智能电网进行泛在感知的同时形成了类型广、体量大、维度高的海量数据。这就需要基于人工智能的强处理方法对电网中的海量数据分析，并挖掘出隐藏在大数据背后的巨大价值，从而提升智能电网经济可靠性，实现最优化管理。

此外，风力发电、太阳能发电等新能源的波动性、间歇性给电网带来了更多的不确定性；电动汽车、智能家居等新兴负荷与电网存在双向互动，以微电网为系统单元的电网运行结构更具易变性。

人工智能具有应对高维、时变、不确定性问题的强优化处理能力和强大学习能力，将有效解决智能电网面临的各种挑战。图1-3-2给出了智能电网人工智能与大数据、物联网以及数据中心云计算的关系，以及它服务于智能电网和多样性的系统应用。随着人工智能技术的发展，必将更好地服务于智能电网，将更好地实现能源预测、系统规划、运行优化与稳定控制、电网故障诊断、用户用能分析、电力市场建设和网络安全与防护等，支撑智能电网建设和发展。

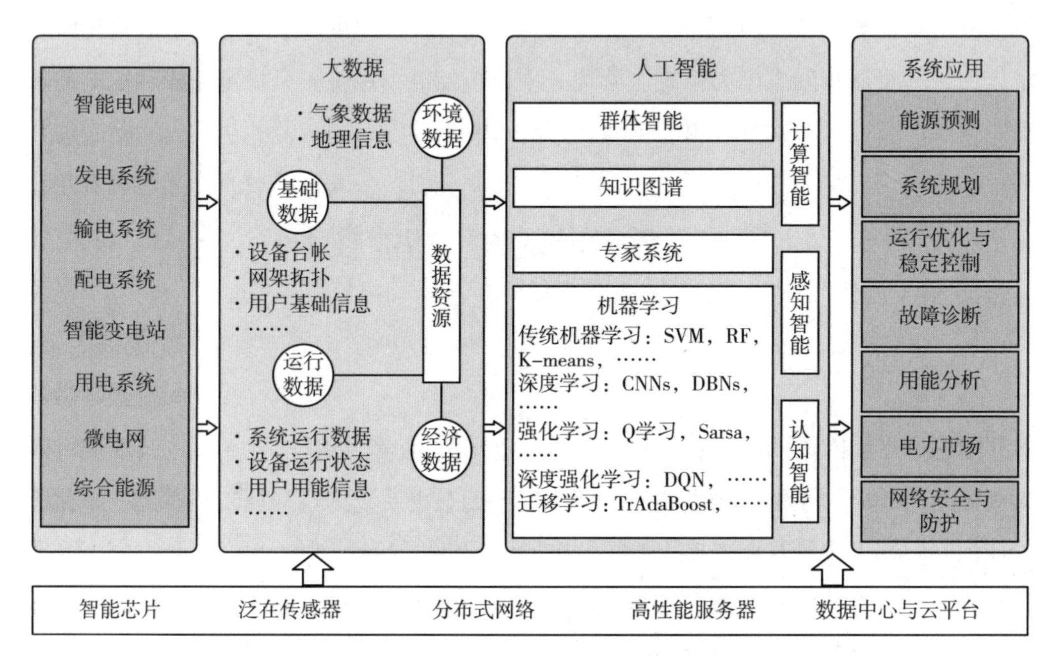

图 1-3-2　智能电网与大数据、物联网、人工智能的关系

3.3.2　技术预测与展望

目前，智能电网人工智能技术仍处于发展的初期阶段，其技术发展预计将主要包括以下几个方面。

（1）智能电网的边缘智能技术。随着分布式能源的普及，电力系统对配电网中智能化和灵活性的需求也在不断扩大。这种需求在电网边缘被放大，其中存在许多新的破坏性资源及其相关的负载动态。研究智能边缘技术，将深度学习高效灵活地部署在资源受限的终端设备则具有重要意义。通过协同终端设备与边缘服务器，边缘智能技术能够整合二者的计算本地性和云端计算能力，形成互补性优势，从而显著提升系统判别和决策快速响应能力。

（2）智能电网的可解释机器学习方法。由于人工智能方法在分析过程中无须建立对象的精确模型，因此目前大部分人工智能技术在智能电网应用时没有建立明确的系统模型，未将计算与电力系统映射，运算过程呈现黑盒形式，导致结果缺乏可解释性，与用户缺乏可交互性和操作性。另外，机器学习模型基于历史数据进行分析和决策，当常识缺失时，机器可能会犯低级错误，而电能供给关系到国民经济各方各面，很多情况下对可靠性要求极高，近乎零错误容忍度。因此，智能电网的发展需要可解释机器学习，这也将有助于更好地解决智能电网中的复杂工程问题。

（3）智能电网的类脑智能。现阶段人工智能发展的主流技术路线是数据智能，但是数据智能存在一定局限性。类脑智能是受大脑神经运行机制和认知行为机制启发，以计算建模为手段，通过软硬件协同实现的机器智能。类脑智能的信息处理机制与大脑相似，其认知行为表现和智能水平可达到或超越人类的水准，可以解决数据智能的局限性。在可预见的未来，类脑智能的发展可以在智能电网各环节的规划、预测、辅助决策、智能控制、智能巡检、故障诊断等应用场景中应用，满足未来电网各个关键环节中系统自主学习的要求，分析出各个物理状态中的联系，自动推理出系统状态变化趋势，表现出强大的优势。

（4）智能电网的混合人工智能技术。混合智能是指以生物智能和机器智能的深度融合为目标，通过相互连接的通道，建立兼具生物（人类）智能体的环境感知、记忆、推理、学习能力和机器智能体的信息整合、搜索、计算能力的新型智能系统。将人的作用引入人工智能系统，将人类智慧与人工智能互补融合，形成比两者都更高、更强的智能水平是未来终极智能形态。在混合人工智能的帮助下，智能电网能够创造一个动态的人机交互环境，有效提高电网的抵御风险的管理能力、价值创造能力和竞争优势。

3.4　智能电网物联网技术

3.4.1　未来挑战与需求

当前，智能电网物联网技术研究和物联网建设都面临诸多挑战，例如：面向智能电网需求和应用场景，智能传感芯片和新型传感器的研发，发展智能传感技术、边缘计算、区块链等新兴技术延长电网资源与资产的周期寿命管理，以及基于物联网技术实现对新能源和新型负荷的安全便捷接入，并实时闭环控制电网稳定运行等。

物联网自身技术层面：①低功耗传感器（传感芯片）、微控制器和执行器的研发是保障网络长期有效运行的关键核心硬件；②多样化的传感器集成和高级量测技术研究是保证电力物联网高精度泛在感知的技术手段；③泛在大规模的物联网终端的可靠连接和数据的可靠传输需要研究更加有效的物联网构建、通信协议和数据信息转换规约；④为了满足更多智能电网高级应用，亟须研发物联网云端生态系统，提供集成的ICT技术解决方案提升。

智能电网需求层面：①大电网广域互联、交直流混联以及含分布式能源的微电网接入都增加了电网结构的复杂程度，这对于物联网提出了从“采集+集中控制”向“采集+控制+区域自治”的转变要求；②智能电网的业务融合需求，实现业务从“垂直封闭”转向“水平开放”的根本变革给智能电网物联网建设带来了巨大挑战；③能源系统全周期各环节电力系统设备和用户的全状态感知和全业务穿透能力以及支持各种智能终端即插即用是智能电网对物联网提出的又一需求。

图 1-3-3 给出了智能电网物联网的总体框架[43]：从电源侧、电网侧、用户侧和供应链 4 个环节阐述了物联网在智能电网应用场景；从标准规范、安全防护、运行维护、运营机制以及商业模式等方面分析了其内部的保障体系，以及实现智能电网与外部客户的连接关系；并提出了未来将构建的综合能源生态圈、数据商业化服务生态圈、线上产业链生态圈等能源生态构想雏形。

3.4.2 技术预测与展望

物联网技术实现了电力运行生产的全面感知、电力设备的互联互通，涵盖了从传感器芯片到云端高级应用的各个环节。目前物联网技术在智能电网中的应用仍处于探索阶段，其技术发展预计将会聚焦在以下几个方面。

（1）当前智能电网物联网体系架构还并未完全清晰，并且未来电网必将与更多形式能源互联。因此面向未来能源产业发展需求，需要进行智能电网物联网体系架构设计，也包含支撑物联网多源数据处理的云边协同的部署和资源配置。

（2）智能传感芯片和传感器作为物联网的底层基础构建，是实现泛在感知和系统控制的关键部件，包含新材料突破、新工艺制备以及高密度集成电路设计等。如微型高精度电磁场传感芯片，基于电磁场传感芯片的微型电压、电流传感器研制，基于光学物理效应的多参量智能传感技术及光纤传感器研发及在电力系统中的应用等。该领域不仅是我国，全球各发达国家也都在高度关注并投入研发。

（3）与智能传感芯片的研发和新型传感器装置的研制同步，泛在感知及高级量测技术也是电力物联网未来发展的核心技术，是保证电力精确计量和系统状态可知的首要保证。

（4）可靠通信和高效数据传输是物联网网络层的关键技术。而电力系统和能源系统应用场景比其他任何一种物联网应用场景都复杂，制约因素更多，如复杂的电磁环境、匮乏的通信基础设施等。因此灵活组网和多模式通信技术是未来电力物联网重点研究另一技术领域。

（5）随着电力物联网的智能感知、物－物/物－人互联，必将推动能源生产和消费模式向智能化转变，从而衍生多种增值化服务。因此，未来以电力物联网推进的综合能源服务将以电力系统为核心，改变以往电－气－冷－热等多种能源供应体系，对各类能源的分配、转化、存储、消费等环节进行有机协调与优化，推进能源行业重心从“保障供应”向“以用户为中心”转移发展。

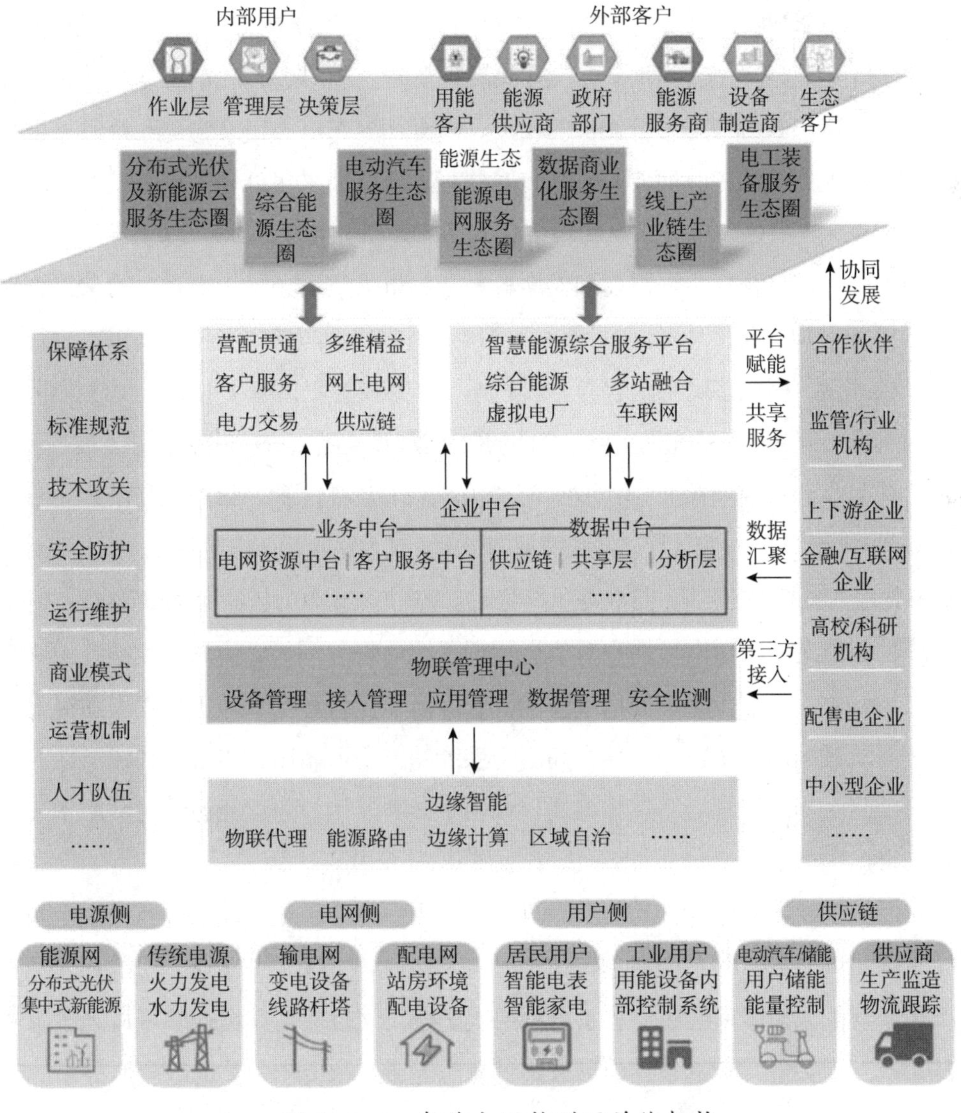

图 1-3-3　智能电网物联网总体架构

3.5 电力信息物理系统技术

3.5.1 未来挑战与需求

目前，国内外在电力信息物理系统研究方面仍处于初级阶段，相关研究和智能电网应用实践都面临诸多挑战。

（1）电力信息物理系统是信息和物理两个子系统的深度耦合，其运行涉及计算、通信、控制等多个领域关键技术，作为一个融合系统，必然需要其在统一的模型框架下研究，然而目前还没有一个能够同时涵盖电力物理系统、通信网络和信息系统的统一架构。

（2）为保证电力物理系统镜像的精度，一方面要求电力信息物理系统具备极高的计算和响应速度，另一方面要求电力信息物理系统全面采集处理物理系统状态、运行和环境信息，这些都对电力信息物理系统的计算力和信息处理能力提出了很高的要求。

（3）电力信息物理系统需要面对多样复杂的电力应用场景，未来电力信息物理系统中的每一个物理元件均可通过通信连接接入网络并参与感知和控制，可以进行多层次多规模联网。因此多网络融合和开放式通信体系成为亟须解决的又一关键问题。

（4）电力信息物理系统是一个综合性的研究领域，各个组成部分在前期发展过程中都已形成明确的行业 / 企业标准，信息格式、通信协议、设备软硬件接口及规范等，然而这些标准规范的制定均未从信息物理系统的高度考虑，且也并非完全相互兼容。因此需要在电力信息物理系统统一框架下进行演进和拓展，这是真正实现电力信息物理系统的关键环节。

依据智能电网的发展目标和对信息物理系统的需求，电力信息物理系统的研究目标是在云计算、新型传感、通信、智能控制等新一代信息技术的迅速发展前提下，信息物理系统技术的应用极大程度提高电力系统的安全可靠性、实时性和经济性，最终形成“信息 – 物理 – 社会”一体架构，如图 1–3–4 所示，建立能源综合利用率高、用户参与度广、社会贡献度大的坚强服务系统。

3.5.2 技术预测与展望

为实现电力物理系统和信息系统深层次融合，同时兼具高渗透率可再生能源和多主体用户互动特性背景下，建设形成集信息、能源、社会于一体的综合服务系统，就迫切需要电力信息物理系统的多项技术快速发展。

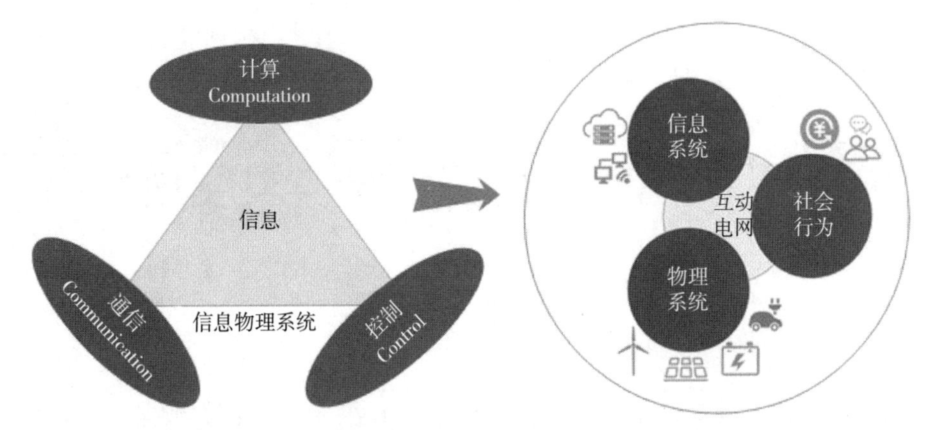

图 1-3-4　信息物理系统的 3C 融合与“信息 - 物理 - 社会”融合架构

（1）电力信息物理系统融合建模技术。剖析信息流与物理流之间的深度关联关系、建立信息系统与物理系统的融合模型，解决电力信息物理系统连续性与离散性共存特性，刻画电力信息物理系统基本科学问题，这也是电力信息物理系统其他关键技术研究的基础。

（2）全景信息采集与数据可控交互技术。通过建立与信息流特点相匹配的数据采集和控制网络，适配多种通信协议，满足测控装置“即插即用”需求。并能够实现准确传递、识别信息流，基于协调控制、优化分析等需求和资源占用情况，优化信息路由。

（3）电力信息物理系统系统优化调控技术。在电网物理系统和信息系统深度融合背景下，能够充分考虑能源电力系统运行状态及环境变化、考虑物理系统和信息系统的协调控制以及兼顾全局优化与局部控制的最优协调控制，实现整个信息物理融合系统的最优控制。

（4）电力信息物理系统的安全防护技术。乌克兰国家电网安全事件直观表明，在电网物理系统和信息系统深度融合背景下，信息侧安全会威胁电力系统的安全。因此需要融合现有的信息系统安全与电力系统安全理论，充分研究信息系统安全性与物理系统安全性之间的连锁效应及内在联系，形成电力信息物理系统安全性主动防护方法，保障电力信息物理系统安全运行。

（5）电力信息物理系统仿真技术。拓展传统电力系统动态模拟仿真技术、数模混合仿真和全数字仿真技术至电力信息物理系统的全场景仿真，将有助于分析、判断、评估电力信息物理系统运行状况，进而形成涵盖信息、物理、市场、生态等综合仿真技术，这对未来智能电网发展成为电力 - 能源 - 社会融合的终极形态具有重要意义。

4 智能电网信息工程学科发展规划

智能电网信息工程学科面向智能电网需求，涵盖了智能电网大数据、智能电网物联网、智能电网人工智能、智能电网通信以及信息物理系统等多个领域，是当前科学研究和实践应用最为活跃的学科之一。结合智能电网信息工程学科中五大关键技术的内涵、应用需求梳理和技术预测展望，图 1-4-1 给出了智能电网信息工程学科涉及主

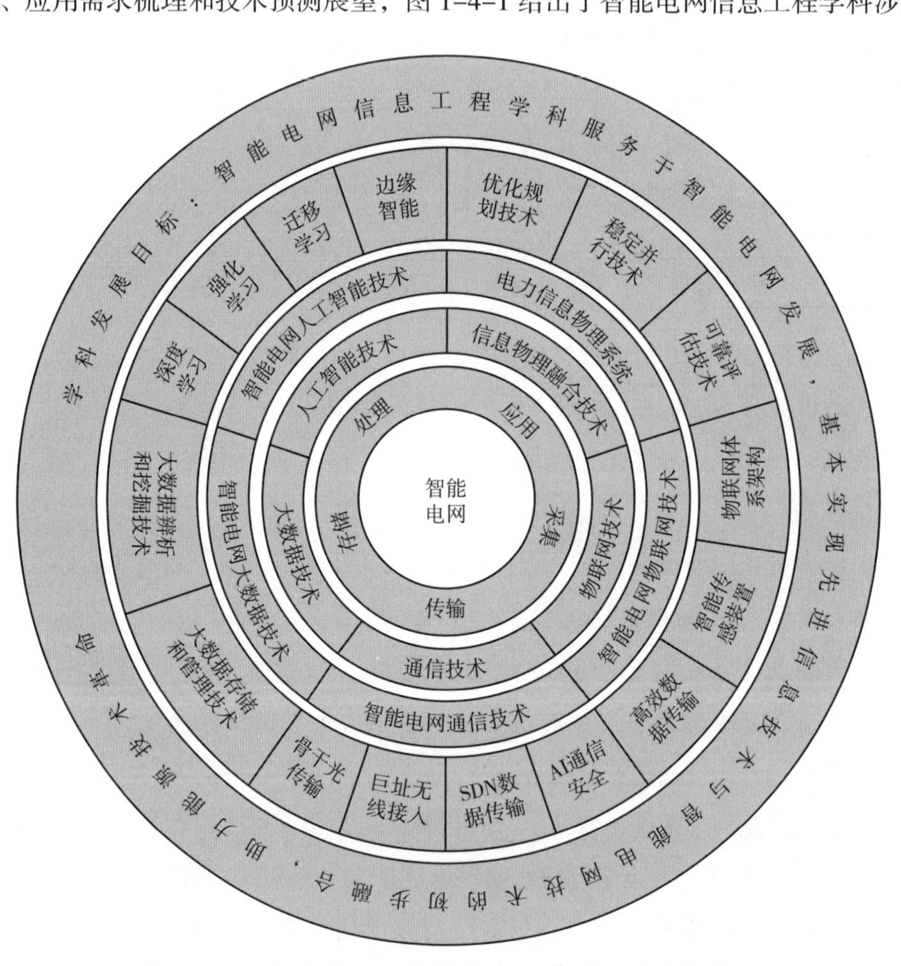

图 1-4-1 智能电网信息技术工程学科主要技术内涵

要技术领域。智能电网信息工程学科的中短期（2035 年）和远期（2050 年）发展路线图如图 1-4-2 所示。

4.1　智能电网通信技术

随着智能电网通信技术的不断发展，预计到 2035 年，电力通信网络将从网络结构、覆盖范围和通信能力上全面提升。未来电力骨干核心网络将建成 100G OTN 光网络，实现骨干传输通道的可靠优质传输。同时，随着 6G 技术的普及与深化应用，无缝接入技术、大连接巨址通信技术和太赫兹巨量通信技术将会成为智能电网无线接入的主要手段。在安全技术方面，将有望使用量子保密通信和基于人工智能的系统安全防御。预计到 2050 年，智能电网通信将实现电力通信系统的近零时

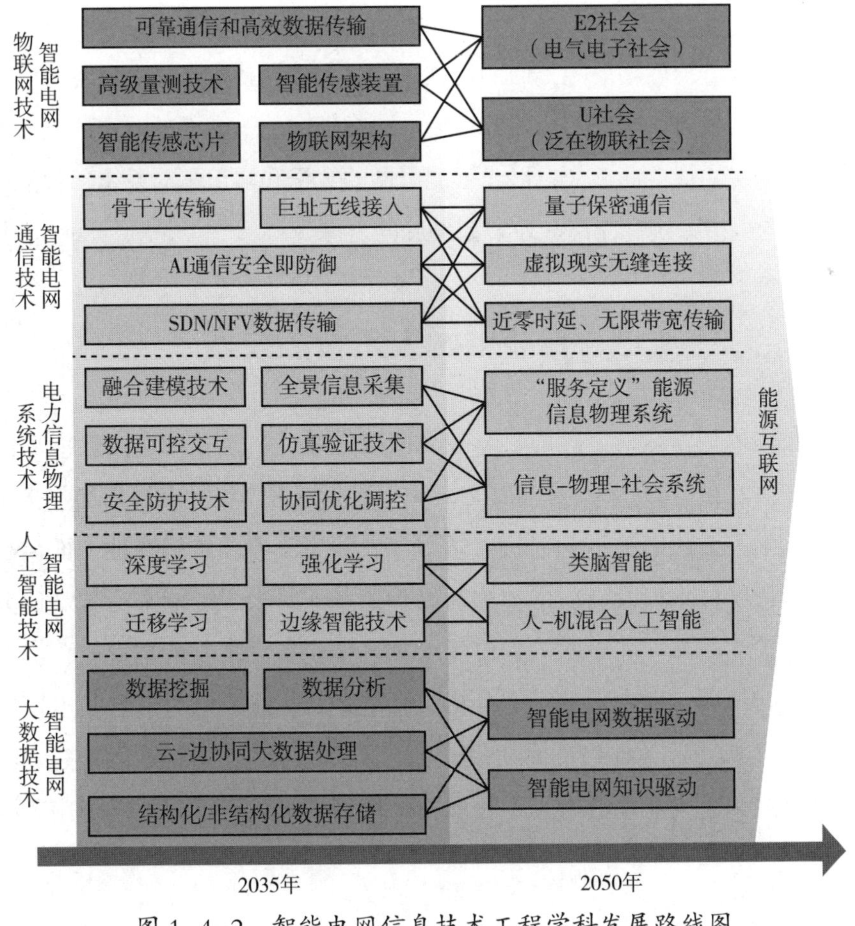

图 1-4-2　智能电网信息技术工程学科发展路线图

延和无限带宽传输、虚拟现实无缝连接，为电力提供广域覆盖、资源充足的通信能力。

4.2 智能电网大数据技术

随着社会对能源需求的不断提升以及智能电网建设的推进，预计到2035年，智能电网自身的数据量将达到PB级甚至ZB级，大数据技术将会在智能电网各环节得到更为广泛的应用。因此未来中短期智能电网大数据技术将重点聚焦于大数据辨析和挖掘技术、大数据存储和管理技术两个层面。大数据辨析和挖掘技术需重点研究智能化大数据解析、聚类和挖掘算法；大数据存储和管理技术方面则需要重点考虑面向智能电网结构化/非结构化数据的新一代存储方法、软件和设备，以及基于云-边协同的大数据高效管理模式。此外，与电力生产/消费紧密结合的应用研究也需重点布局：如知识图谱在电力系统中的推广应用，智能电网大数据技术在风光预测、负荷预测、用户用能行为分析、节能增效等方面的研究，以及大数据技术与电力系统主营业务的深度融合，在电网运行安全稳定分析和控制、可靠性评估等方面的研究。到2050年，智能电网中数据将实现全面集成，形成智能电网的数据和知识驱动系统，智能电网大数据技术将成为电力系统和能源产业转型发展的支撑。

4.3 智能电网人工智能技术

人工智能技术是当前最活跃的科学技术研究领域，也是智能电网最渴求的支撑技术。因此，从现在到2035年的中短期，人工智能技术需要重点规划如下多个关键方向：以强化学习为代表的下一代机器学习以及深度学习的可解释性、面向智能电网应用的智能边缘技术以及高阶的类脑智能理论。在对人工智能本身技术研究的同时，还需重点关注其与智能电网工程应用的结合，包括可再生能源发电预测、电力设备及电网故障诊断、用户用电行为分析、系统运行优化、电力市场及电网安全防护等方面。到2050年，人工智能将实现类脑智能和混合人工智能，并通过合理规划和产业应用实践，完成智能电网人工智能技术的由“可以用”到“很好用”的高层级转换。

4.4　智能电网物联网技术

随着芯片制造、低功耗传感和通信技术的突破，预计到2035年，传感芯片接入数量将达到万亿级，智能传感器全面部署在电网及综合能源系统中。因此未来中短期智能电网物联网技术将重点聚焦于智能传感芯片制造、高集成度传感器装置研发、高级量测技术突破以及可靠通信和高效数据传输等方面。同时，也需要重新规划设计新型的智能电网物联网体系架构，以适应未来能源生产和消费模式转变，助力能源行业从“保障供应”向“以用户为中心”转移发展和综合能源的深度服务。到2050年，电力物联网高度发达，能源、政务、交通等多产业领域通过物联网广泛结合、高度融合，人类全面进入“泛在社会”的高级阶段。

4.5　电力信息物理系统

电力信息物理系统的目标是全面实现能量流和信息流的高度融合和一体化控制。为实现该目标，未来中短期电力信息物理系统需重点在以下几个研究方向突破：可准确解释连续性与离散性共存特性的电力信息物理系统融合建模技术、适配多通信协议的数据可控交互技术、电力信息物理系统优化调控方法以及电力信息物理系统安全防护技术等。预计到2035年，智能电网将全面实现集计算、通信和控制于一体的信息物理融合；依靠云计算、大数据以及数字孪生的技术支撑，实现电力系统、通信系统以及控制系统在内的全景电力信息物理镜像平台，并基于该平台对全系统进行超时实仿真、分析与性能评测。到2050年，将全面实现基于电力信息物理系统体系的“服务定义”电力系统，通过传感测量、专用网、互联网、大数据、计算机和控制技术与各种一次能源、二次能源及终端能源深度融合。在先进的信息通信技术支撑下，以电能为核心枢纽，以服务为中心，经济而有效地支撑能源消费。

智能电网信息工程学科是高度交叉型学科，不仅局限于上述五大关键技术。随着信息科学的飞速发展，不断涌现的新技术，如区块链技术、高性能计算技术等，也将成为学科重点发展方向。随着各种技术的发展成熟，其相互之间的融合渗透将成为必然。而这种“大云物移边”多种技术的不断完善和相互融合，促进智能电网信息技术深入电力系统的各个层面，全面提升电网性能，并逐步实现能源、政务、交通等多产业领域的广泛结合，实现智能电网向以服务为中心的清洁能源互联网发展。

参考文献

[1] 余贻鑫，等. 智能电网的基本理念和关键技术 [M]. 北京：科学出版社，2019.

[2] NIST (US). NIST framework and roadmap for smart grid interoperability standards, release 3.0 [EB/OL]. [2014-09-01]. http://dx.doi.org/10.6028/NIST.SP.1108r3.

[3] Cespedes R. Lessons learned and future challenges for the development of Smart Grids in Latin America [P]. Innovative Smart Grid Technologies (ISGT), 2012 IEEE PES, 2012.

[4] 倪敬敏，何光宇，沈沉，等. 美国智能电网评估综述 [J]. 电力系统自动化，2010，34 (8)：9-13，66.

[5] Ilhami Colak, Gianluca Fulli, Seref Sagiroglu, et al. Smart grid projects in Europe: Current status, maturity and future scenarios [J]. Applied Energy, 2015: 152.

[6] 胡波，周意诚，杨方，等. 日本智能电网政策体系及发展重点研究 [J]. 中国电力，2016，49 (3)：110-114.

[7] 余贻鑫，栾文鹏. 智能电网述评 [J]. 中国电机工程学报，2009，29 (34)：1-8.

[8] 辛培哲，蔡声霞，邹国辉，等. 适应经济社会发展的智能电网发展战略研究 [J]. 分布式能源，2018，3 (1)：21-27.

[9] 宋璇坤，韩柳，鞠黄培，等. 中国智能电网技术发展实践综述 [J]. 电力建设，2016，37 (7)：1-11.

[10] 彭娟. 配电网通信技术研究 [J]. 电力大数据，2018，21 (8)：87-92.

[11] 丘华敏. 5G时代物联网技术在电力系统中的应用 [J]. 江苏科技信息，2017 (32)：49-50.

[12] Ahmad A, Rehmani M H, Tembine H, et al. IEEE Access Special Section Editorial: Optimization for Emerging Wireless Networks: IoT, 5G, and Smart Grid Communication Networks [J]. IEEE Access, 2017 (5): 2096-2100.

[13] Yuan Y, Zhao X. 5G: Vision, Scenarios and Enabling Technologies [J]. ZTE Communications, 2015 (1): 3-10.

[14] 南方电网，中国移动. 5G智能电网白皮书 [EB/OL]. [2018-07-06]. https://www.sohu.com/a/239583030_744463.

[15] 王庆扬，谢沛荣，熊尚坤，等. 5G关键技术与标准综述 [J]. 电信科学，2017，33 (11)：112-122.

[16] 国家电网，中国电信. 5G智能电网报告 [EB/OL]. [2018-01-07]. https://www.sohu.com/

a/217346612_673855.
［17］卢君贤，黄杰俊，刘俊杰．智能电网的终端通信资源管理研究［J］．电气时代，2018（7）：87-89.
［18］刘先晶．量子加密通信在电力系统中的应用研究［C］// 中国电力科学研究院．2017 智能电网新技术发展与应用研讨会论文集．北京：北京市海淀区太极计算机培训中心，2017.
［19］马永红，王秀玉，崔丹丹．融合副载波复用量子密钥分配的智能配电网安全通信机制［J］．电网技术，2013，37（11）：3214-3220.
［20］张东霞，苗新，刘丽平，等．智能电网大数据技术发展研究［J］．中国电机工程学报，2015（1）：2-12.
［21］Gungor V C，Lu B，Hancke G P．Opportunities and Challenges of Wireless Sensor Networks in Smart Grid［J］．IEEE Transactions on Industrial Electronics，2010，57（10）：3557-3564.
［22］张东霞，姚良忠，马文媛．中外智能电网发展战略［J］．中国电机工程学报，2013，33（31）：2-14.
［23］Hashem I A T，Yaqoob I，Anuar N B，et al．The rise of "big data" on cloud computing：Review and open research issues［J］．Information Systems，2015，47：98-115.
［24］曲朝阳，陈帅，杨帆，等．基于云计算技术的电力大数据预处理属性约简方法［J］．电力系统自动化，2014（8）：67-71.
［25］鞠平，周孝信，陈维江，等．"智能电网 +"研究综述［J］．电力自动化设备，2018，38（5）：2-11.
［26］工信部赛迪研究院互联网研究所．国外人工智能在商业领域应用及对策建议［EB/OL］．［2019-10-16］．http://baijiahao.baidu.com/s?id=1596067901145272475&wfr=spider&for=pc.
［27］国家发展改革委，国家能源局．电力发展"十三五"规划［R］．北京，2016.
［28］中国化学与物理电源行业协会储能应用分会．百度与南方电网广东公司战略签约［EB/OL］．［2019-10-16］．http://www.escn.com.cn/news/show-483955.html.
［29］戴彦，王刘旺，李媛，等．新一代人工智能在智能电网中的应用研究综述［J］．电力建设，2018，39（10）：10-20.
［30］李博，高志远．人工智能技术在智能电网中的应用分析和展望［J］．中国电力，2017，50（12）：136-140.
［31］Bundesministerium für Bildung und Forschung. Leitbild 2030 für Industrie 4.0［R］．Berlin：BMBF，2019.
［32］马化腾，张晓峰，杜军．互联网 +：国家战略行动路线图［M］．北京：中信出版社，2015.
［33］Bundesminister fur Wirtschaft und Energie. National Industrial Strategy 2030：Strategic guidelines for a German and European industrial policy［R］．Berlin :BMWi，2019.

[34] 国家电网. 泛在电力物联网白皮书 2019 [R]. 北京：国家电网，2019.

[35] 李立浧. 我国能源电力发展态势 [R]// 中国能源研究会. 2018 盐城绿色智慧能源大会，2018.

[36] 王继业，孟坤，曹军威，等. 能源互联网信息技术研究综述 [J]. 计算机研究与发展，2015，52 (5)：1109-1126.

[37] 彭小圣，邓迪元，程时杰，等. 面向智能电网应用的电力大数据关键技术 [J]. 中国电机工程学报，2015，35 (3)：503-511.

[38] 吴振铨，梁宇辉，康嘉文，等. 基于联盟区块链的智能电网数据安全存储与共享系统 [J]. 计算机应用，2017，37 (10)：2742-2747.

[39] 李彬，贾滨诚，曹望璋，等. 边缘计算在电力需求响应业务中的应用展望 [J]. 电网技术，2018，42 (1)：79-87.

[40] 陶飞，刘蔚然，刘检华，等. 数字孪生及其应用探索 [J]. 计算机集成制造系统，2018 (1)：4-21.

[41] 王中杰，谢璐璐. 信息物理融合系统研究综述 [J]. 自动化学报，2011，37 (10)：1157-1166.

[42] 王继业. 智能电网大数据 [M]// 张东霞，朱朝阳，杨锐. 智能电网大数据. 北京：中国电力出版社，2017.

[43] 国家电网有限公司. 泛在电力物联网白皮书 2019 [EB/OL]. [2019-10-15]. http://www.lianmenhu.com/blockchain-14145-1.

第2部分　专题论述

1 智能电网通信技术

1.1 引言

电力通信网作为支撑智能电网的重要载体，承载着内外网非竞争性与竞争性业务，是支撑构建新一代综合能源服务体系的重要基础设施。智能电网通信网全面承载并贯通电网生产运行、企业经营管理和对外客户服务等业务，覆盖输、变、配、用、调、企业经营管理各环节。相对于公共通信网络，智能电网通信网的目的是为电力系统的稳定运行提供信息基础设施保障[1]，其在安全性、可靠性和稳定性上都有更为严格的需求，资源利用率和收益并不是网络运行所考虑的重点，这使得智能电网通信网在规划、建设和运维上都体现出其特殊性。

按照智能电网通信网的功能架构，智能电网通信网主要包括以下 7 个部分。

（1）传输网。传输网是电力骨干通信网络的统称，包括光缆、光通信系统、载波/微波通信系统等。其中，光缆包括光纤复合架空地线（OPtical fiber composite overhead Ground Wire，OPGW）、全介质自承式光缆（All-Dielectric Self-Supporting optic fiber cable，ADSS）等；光通信系统包括同步数据序列（Synchronous Digital Hierarchy，SDH）、光传送网等。

（2）接入网。接入网是电力系统骨干通信网络的延伸，具有业务承载和信息传送功能，包括有线接入、无线接入。

（3）数据通信网。数据通信网包括调度数据网和综合数据网，基于互联网协议（Internet Protocol，IP）构建，承载在 SDH/OTN 网络之上。

（4）业务网。业务网包括调度交换网、行政交换网、电视电话会议系统等。

（5）同步网。实现全网时钟的同步。

（6）管理网。用于保障电网通信网处于安全可信、可靠稳定的运行状态，提升网络资源利用率，提供良好的网络服务能力。

（7）卫星与空间通信，是传输网的补充，或应急通信的主要手段，包括卫星、浮空平台、无人机等。

本专题报告主要关注智能电网通信网的传输网、接入网、数据通信网的演进方式，并重点介绍了传输网、接入网、数据通信网、网络安全等技术的现状和发展趋势。

1.2 智能电网通信关键技术

依据通信在电力传输中的不同位置，可将通信分为传输网络、接入网络、数据网络三个部分。考虑到电力系统的高度安全、可靠的要求，也需要考虑面向智能电网的通信安全技术，具体涉及的关键技术范畴如图 2-1-1 所示。

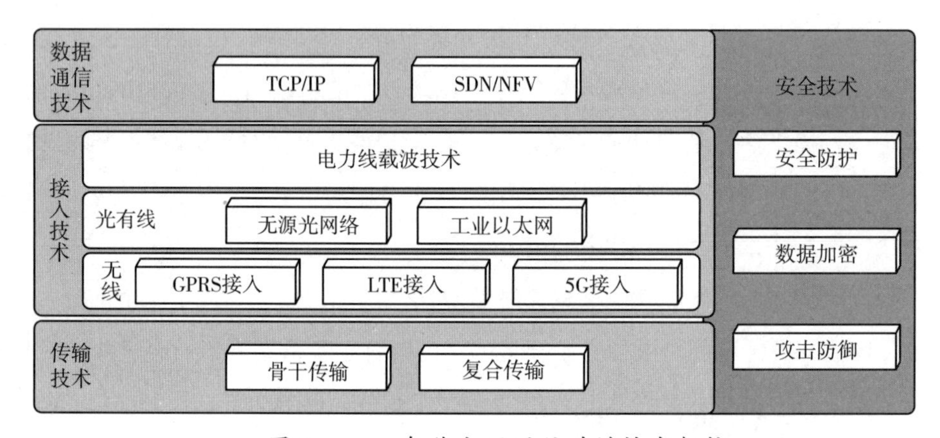

图 2-1-1 智能电网通信关键技术架构

在传输技术上，随着公网传输技术的不断发展和电力通信传输的要求，可采用的传输技术包括骨干光传输技术和光缆复合传输技术等。骨干光传输技术主要面向电网宽带业务传输，包括当前主流的 SDH、OTN 等技术体制；复合传输技术是综合电力线和通信线的传输手段，包括光纤复合光缆技术等。这些传输技术是实现电力业务高带宽、远距离传输的基础。

在接入技术上，进一步又包含有线接入技术、无线接入技术和电力线载波（Power Line Carrier，PLC）技术。有线接入技术部署复杂，但是可靠性高，带宽可保障，包括无源光网络、工业以太网等技术；无线接入技术部署灵活，但是易受干扰影响，可以采用的技术体制包括通用分组无线业务（General Packet Radio Service

GPRS）、LTE（含 NB-IoT 技术等），以及未来的 5G 接入技术等，无线接入为大规模的终端接入和控制提供了可能；PLC 技术是电力线作为信息传输媒介进行语音或数据传输的一种特殊通信方式，由于电力线易受干扰，其发展前景尚不太明朗。

在核心的数据通信技术上，主流的技术是 TCP/IP 方案，随着网络技术的不断演进，以 SDN/NFV 为核心的数据通信方式将成为未来智能电网数据通信的有效手段之一。

为了保障智能电网通信在传输网、接入网和数据网的安全可靠承载，需要有效的安全技术的支撑。安全技术可分为安全防护、数据加密以及攻击防御 3 个方面，全方位保障网络的高可靠性。

1.3 智能电网通信技术国内外发展现状

1.3.1　智能电网光传输技术

1.3.1.1　光纤复合光缆技术

电力特种光缆是适应电力特殊应用环境而发展起来的一种特殊光缆体系，它将光缆技术和输电线技术相结合，架设在不同电压等级的电力杆塔上或随低压电力线敷设，具有高可靠、长寿命等突出优点，在我国电力通信领域普遍使用，并在主干网络上的使用已越来越普及[2, 3]。电力特种光缆主要包括全介质自承式光缆 ADSS、架空地线复合光缆 OPGW、缠绕式光缆（Ground Wire Wind Optic Cable, GWWOP）、捆绑式光缆 AL-Lash、相线复合光缆（Optical Phase Conductor, OPPC）、光纤复合低压电缆（Optical Fiber Composite Low-Voltage Cable, OPLC）等[4]。我国的电力特种光缆网虽然有了很大的发展和进步，但是在实际的运行过程中还存在较为明显的不足，主要在以下两个方面：①电力通信光缆网结构受制于电网结构；②局端站点管道光缆安全性不足。

1.3.1.2　骨干光传输技术

通信骨干网是承载电力信息通信业务的高速公路。为解决逐年增加的数据业务需求带来的压力，采用先进成熟的光传送网技术建立新一代的大容量骨干光传输通信网，优化网络结构，提升网络性能，以提供更强的业务支撑能力和更可靠的业务保障。光传送网 OTN 是已形成国际电信联盟（International Telecommunication Union,

ITU）标准的大容量光网络通信技术，在继承了早期密集波分复用大容量传输技术优点的基础上，增加了类似 SDH 技术组网和电路调度的灵活性，目前在公用或专用网络均广泛应用。

OTN 具有大颗粒调度和保护恢复、完善的性能和故障监测能力、更远的传输距离等优势，可实现多种业务信号封装和透明传输及大颗粒的带宽复用、交叉和配置。对于电力系统来说，它和广泛应用的同步数字体系技术 SDH 各有应用价值。OTN 应用于骨干网层面，侧重于长距大容量传输，进行业务的汇聚，节省光纤资源。SDH 大部分在汇聚接入层，侧重于对于小颗粒业务接入，适合于网络容量较小、传输距离较近的光网络。经过合理设计，OTN 和 SDH 搭配应用于电力系统通信网络中可以互补并发挥各自的优势[5]。

1.3.2 智能电网有线接入技术

考虑光通信技术发展现状、产品成熟及业务应用，未来五年到十年大带宽、远距离传输技术仍然以光纤网络为主，工业以太网和以太网无源光网络（Ethernet Passive Optical Network, EPON）作为两种主流的接入网通信技术，各有特点，各有优势，长期并存[6]。EPON 和工业以太网在标准化、实时性、可靠性、安全性、带宽、技术成熟度及产业链等方面具有优势。由于光纤铺设成本高，组网成本偏高，运维成本高，适用于可铺设光缆、对安全、可靠性有严格要求的业务[7]。

1.3.2.1 无源光网络技术

无源光网络（Passive Optical Network，PON）是指光分配网中不含有任何电子器件及电子电源，其中的光器件全部由分光器等无源器件组成，不需要贵重的有源电子设备[8]。目前用于宽带接入的 PON 技术主要是 EPON 和 GPON，两者采用不同标准。PON 的主要优势包括以下 3 点。

（1）高带宽。EPON 提供上下行对称的 1.25Gbps 的带宽，GPON 提供上行 1.25Gbps、下行 2.5Gbps 的带宽。

（2）长距离。支持为用户提供长距离的数据传输，传输距离最大可达 20km。

（3）无源分光特性。采用无源分光器组成点到多点（Point to Multiple Point, P2MP）的网络架构，最大分光比为 1：64/1：128，覆盖大范围的用户，同时无源分光器不需要电源就可以工作，降低了安装和维护成本。典型基于 PON 技术的光纤到户网络架构如图 2-1-2 所示。

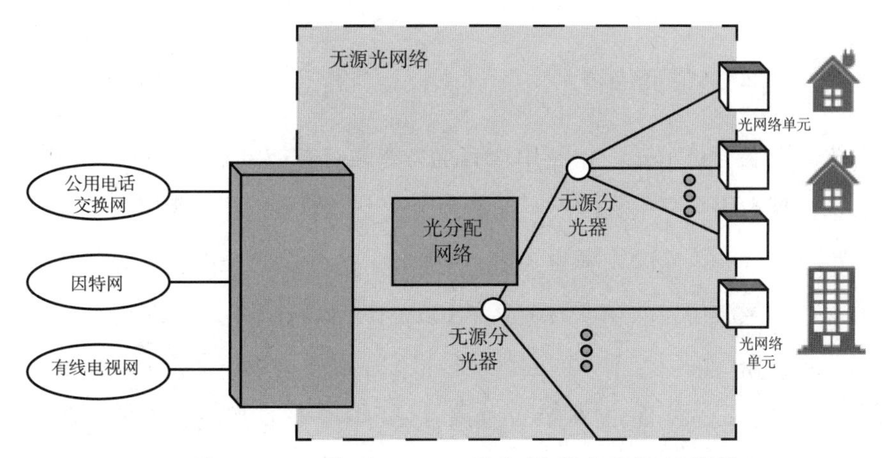

图 2-1-2　基于 EPON 的光纤到户网络架构图

点到多点无源光网络系统主要有 APON、BPON、EPON、GPON 等商用网络[9]。在多种基于 PON 的技术中，EPON 由于其技术和价格方面的优势已逐渐成为最受欢迎的光纤到户（Fiber To The Home, FTTH）技术。由于采用以太网封装方式，因此非常适于承载 IP 业务，符合 IP 网络迅猛发展的趋势[10]。

现有基于 PON 技术的光纤到户部署仍存在发展难题：①难以满足更高带宽的要求；②难以做到高分光比和低成本的折中；③难以满足长距离传输的需求，亟须研发下一代光纤接入技术。

1.3.2.2　工业以太网技术

工业以太网技术与商业以太网兼容，能够满足工业控制现场的需要，可以在极端条件下（如电磁干扰、高温和机械负载等）正常工作，在工业控制领域应用广泛[11]。

以太网通信速率从 10Mb/s、100Mb/s 增大到如今的 1000Mb/s、10Gb/s，极大地减小了网络的传输时延。目前 1000Mb/s 的传输速率已经在工业各领域认可并使用，不久的将来 10Gb/s 的以太网也会遍布工业发展的各个领域。此外，工业中交换机过滤功能的使用以及星型拓扑结构的开发，大大降低了网络负载量，给解决传统以太网的不确定性问题带来了转机。工业以太网目前还没有统一的应用层协议，但受到广泛支持并已经开发出相应产品的有 4 种主要协议：HSE、Modbus TCP/IP、ProfINet、Ethernet/IP。

工业以太网相关技术取得了不错的突破，但其自身发展依然面临困境。一方面，工业以太网由于使用了 TCP/IP 协议，因此可能会受到包括病毒、黑客的非法入侵与非法操作等网络安全威胁；另一方面，标准化多协议一直是困扰工业以太网的主要难题。

1.3.3 电力线载波通信技术

电力线载波通信技术是一种利用现有电力线通过载波方式进行信号传输的方法。电力线通信根据占用频率带宽的不同，分为窄带电力线通信和宽带电力线通信。窄带电力线通信中，载波信号的频率为 3kHz~500kHz，实现低速率控制信息的传输；宽带电力线通信中，载波信号的频率为 1MHz~100MHz，实现高达 2Mbit/s 以上的高速多媒体信号和宽带数据传输。目前，国内外已经推出了许多基于正交频分多路复用调制技术（Orthogonal Frequency Division Multiplexing, OFDM）的低压电力线载波芯片，其中窄带高速 PLC 的数据传输速率可达几百 kbps，主要应用于远程自动抄表、路灯控制和办公自动化等[12]；宽带高速 PLC 速率可达几百 Mbps，主要应用于室内联网、智能家居和物联网。

电力线通信技术也面临着许多挑战，宽带 PLC 与专用宽带通信方式相比较还不够完善，技术上和实际应用中都还有一定的差距，宽带调制技术对于较大功率的窄带干扰仍然无能为力，国内还没有一个真正意义上的宽带电力线通信标准。

1.3.4 智能电网无线接入技术

当前，电力无线接入技术主要采用 GPRS、NB-IoT、TD-LTE、LTE-G 230MHz，IoT-G 230MHz 等技术，形式为公网租赁与专网自建两种模式。

在公网租赁所采用的技术上，GPRS 因其优良的覆盖和极低的成本，是目前电力行业的主要接入技术，承载了大量用电信息采集、配网运行信息监测、电动汽车充换电方面的业务[13]，但是作为 2G 时代的技术，GPRS 处于网络生命周期末期，诸多运营商已将该技术退网列上日程，同时 2G 技术也存在功耗较高的问题。公网运营商由于需要驱动物联网行业发展来实现业务创收，一直在行业市场致力于推进 4.5 NB-IoT 技术[14]。作为基于 4G 蜂窝的窄带物联网技术，NB-IoT 主要针对低通信速率和动态性较低的业务，具备广覆盖、海量连接、低功耗和低成本等优势，从而在远程抄表、资产跟踪、智能停车、智慧农业等行业具有广泛的行业应用前景。随着 NB-IoT 产业链的日渐成熟，NB-IoT 技术不仅引起了国内外各大公网运营商的重视，也引起了智能电网领域的广泛关注[15, 16]，智能电网中已经在用电信息采集等领域开展相关试点工作，接下来还将继续研究 NB-IoT 技术在电力领域支持多业务的海量连接、广覆盖以及终端安全接入等应用。与此同时，全球范围内的科研机构和各大厂商也纷纷加速研发布局，各大厂商也面向行业应用提出具体的建设方案。随着技术研究的深入，NB-IoT 将会在智能电网的万物互联上得到更多应用。

在电力无线专网技术上，主要采用基于 3G、4G 的技术[17~19]，使用 1.8GHz 行业共享频段和 230MHz 电力行业专用频段。1.8GHz 行业共享频段上主要部署成熟的 TD-LTE 技术，由于 4G 技术具有带宽大、业务质量好的优势，有效承载了配电自动化、视频监测、用电信息采集等方面的业务，如南京、昆山、西安、唐山、承德等地区均采用该技术建设大规模无线专网。基于 230MHz 频段的无线接入技术主要由国网公司主导建设，在技术体制、网络建设规模、运行维护方式、安全防护、业务质量保障[20, 21]等方面均有很大的自主性，主要包括 IoT-G 230MHz 和 LTE-G 230MHz 两种技术体制，LTE-G 230MHz 系统由国网信通产业集团与普天公司合作研发完成，2009 年至今已陆续应用于浙江、江苏、福建等地的试点工程建设，多年的系统运行验证了 LTE-G 230MHz 对配电自动化、用电信息采集、精准负荷控制等电网控制类及采集类业务具有良好的支撑能力。

随着智能电网建设逐步深入，电力生产服务的基础性业务及扩展业务需求日益凸显，对电力通信网的覆盖范围、传输性能等支撑能力提出了更高要求，无线专网技术也面临着很多挑战[22~25]。一方面，5G 公网切片技术为运营商进入行业用户市场提供了技术手段，应用公网的成本优势及业务开通便捷性[26, 27]，一定程度上影响了无线专网承载业务的类型及规模，会挤占无线专网发展空间；另一方面，230MHz 频点的离散特性导致系统实现与公网设备存在很大差异，公网设备优势厂商受限于研发投入，无线专网研发及技术持续升级的积极性有限，也限制了无线专网的长期发展。无线专网不同技术体制的业务适配性在技术演进过程中，需要进行不同阶段的业务需求适配，实现网络承载能力的最大化。

目前基于 4G 技术的电力无线专网已经能够一定程度适配电力业务传输性能和安全防护需求，5G 的通信技术通过网络切片的支撑具有建网成本低的特点，可用来承载对安全性及时延要求较低的电力业务，也可以承载带宽需求较大及移动性业务，不同技术的适用场景不同。同时，随着 5G 技术和产业的逐渐成熟，电网公司已开展 5G 技术在电网中应用的研究，未来几年，电力无线专网也会根据业务需求向 5G 方向进行演进升级。

1.3.5 智能电网数据通信技术

电力数据通信网是电网公司综合性的广域网络传输平台，是电网公司进行内部计算机应用系统实现互联的基础，同时也是电网公司自身电力信息基础设施的重要组成部分[28]。对于数据通信网络来说，其覆盖的范围主要包含电网公司进行管辖的电厂变电所。数据通信网是电网公司数据、视频、语音等各类管理信息大区（三区、四区）业务承载网络的统称，包括电网公司数据通信骨干网和省级及以下数据通信网络；是基于IP技术构建的多协议标签交换（Multi Protocol Label Switching, MPLS）数据通信网，主要由路由、交换设备构成，通常由OTN/SDH网络承载，分为核心层、汇聚层、骨干层、接入层。省级及以下数据通信网主要由省数据通信骨干网及地市数据通信接入网两级网络构成[29]。

IP网络属电力系统企业内部专用业务网，为生产、营销范围内的厂站传递与生产、营销业务相关的控制信息和数据提供业务平台。根据IP网络的特点和要求，利用省网已建成的数据网，部分未建设的厂站按“就近接入”的原则接入到已有设备的地调站点或电厂站点[30]。随着电力通信业务数据的IP化，SDH/MSTP① 网络已无法满足其大量数据的传输要求，运行多年的传统电力系统通信网络架构正在逐步发生变化。国网公司已经致力于研究建设适合传输IP数据业务的大容量DWDM②/OTN网络或PTN网络，并开展了将IP技术应用于配电自动化系统中的研究[31]。随着网络技术的发展，SDN技术的崛起为电力通信网络的优化提供了一种可行方案[32, 33]。目前国际上业界存在多种SDN的解决方案，而且也有很多的相应方式来实现和应用。

在国内，SDN技术仍处在实验的阶段[34~36]。北京邮电大学已经部署一个覆盖全校的企业级SDN网络，用于承载测试流量、实验网划分等科研任务。中科院计算所研制的可编程虚拟路由器PEARL具备网络虚拟化功能并提供多种编程方法，能满足未来网络协议创新和业务创新的需要。浙江大学提出了可重构网络体系结构XFlow，可以降低网络功能实现的复杂性，并满足多样化的网络业务应用需求。清华大学以数据为中心的软件定义网络架构（Software Defined Data Centric Networking, SODA）大大增强了数据层面的处理能力，可以对数据流进行更加灵活的处理和转发，为SDN控制平面的功能定制提供了更开放的接口。华为研发了SDN相关产品，不仅在开源项目方

① MSTP：Multi-Service Transport Platform，多业务传送平台。

② DWDM：Dense Wave length Division Multiplexing，密集型光波复用。

面参与 OpenDaylight 项目，还参与开放网络操作系统（Open Network Operation System, ONOS）项目。

在电力通信网中部署 SDN，能够降低电力通信网的搭建和运维成本，更好地满足业务的服务质量，解决智能电网中融合的需求。此外，SDN 技术提供的组网方式能够保证电力通信网具备业务迁移和扩展能力，并结合 NFV 的切片优势，在未来 5G 场景下提供更为灵活的数据网网络资源调度方式[37~39]。

随着智能电网不断发展壮大，电力通信网骨干网的流量规模越来越大；同时，在业务云化时代，流量模型具有事件性、突发性，需要网络具备灵活调整、快速响应业务变化的能力，给现有网络带来巨大的压力。国网公司在积极探索通过 SDN/NFV 等新技术重构网络架构的基础上，进一步提出了面向电力通信网骨干网的基于 SDN 的"IP 网络与光网络"协同优化方案[40]。引入层次化 SDN 控制器，为 IP 网络和光网络带来集中智能控制系统，大大提升网络的灵活性和开放性。

1.3.6　网络安全技术

1.3.6.1　安全防护技术

1）安全防护体系

网络通信安全防护体系在技术层面包括终端安全认证技术、通道安全隔离技术、信息安全加密技术以及可信计算和量子密码等新型通信安全技术。网络通信安全防护技术防止非法终端接入网络，防范网络传输中的数据丢失、泄露或被篡改，保障网络通信安全和可靠性，确保业务系统的稳定运行。目前，电力系统中网络通信安全防护体系包括以下几个部分。

（1）设备接入安全。在终端设备上配置安全模块，对来源于平台的控制命令和参数设置指令采取安全鉴别和数据完整性验证措施，以防范平台对终端进行攻击和恶意操作。

（2）通道安全。终端与平台的通信方式有电力光纤、无线公网和电力无线专网等[41]。电力光纤通信采用 EPON 接入方式的光纤技术，当采用 EPON、GPON 或光以太网络等技术时使用独立纤芯或波长。

（3）平台接入安全。平台接入采用逻辑隔离防护措施，保障系统安全，自动化系统平台至少前置机采用经国家指定部门认证的安全加固的操作系统，并采取严格的访问控制措施。

（4）业务安全分区。以配电自动化、用电信息采集、分布式电源、电动汽车充电站（桩）业务为例，配电自动化、分布式电源配电业务部署在生产控制大区，主要采用光纤、电力线载波、无线公网通信方式，用电信息采集、分布式电源业务和电动汽车充电站（桩）业务部署在管理信息大区，以无线公网通信方式为主。

2）安全认证与访问控制技术

电力场景下存在多种平台和设备以支持移动办公、现场巡视、基建管控、营销服务等应用，均需要进行安全认证和访问控制，以降低操作人、操作行为对网络运行造成的风险。

（1）身份认证技术。身份认证技术的发展经历了相当长的时期，目前主流的身份认证技术包括基于口令或密钥的身份认证方法、基于物品的身份认证方法、基于生物特征的身份认证方法以及基于大数据行为分析的隐式身份认证技术等[42, 43]。

（2）访问控制技术。访问控制技术则是在利用用户标识与鉴别技术的基础上，对用户的个人信息进行相应的权限设置，从而控制用户所访问的数据内容，从而避免系统内部数据的泄露、丢失或更改[44]。数据访问控制有自主访问控制技术、强制访问控制技术和基于角色的访问控制技术等几类。

3）通道隔离与安全技术

（1）通道隔离技术。电力数据传输网中，同一张物理网络承载多个位于不同安全分区的电力业务，需采用通道隔离技术，保障数据安全和业务安全，安全通道隔离是网络隔离[45]的第五代隔离技术。

（2）通道安全技术。网络通道的安全风险主要体现为网络通道遭受恶意攻击和利用，常见的攻击方法可分成以下 6 种方式：接入直接暴露的接入点、破坏防护薄弱的接入点、通过通信介质接入网络、攻击无线通信接入网络、攻击网络设备跨越网络、利用移动介质进入网络。保障传输通道的安全技术，包括流量控制技术、访问控制列表（Access Control Lists, ACL）技术、安全套接层（Secure Sockets Layer, SSL）技术、虚拟专用网络技术等。

4）新型通信安全技术

可信计算技术是一种新型的信息安全技术[46, 47]。其基本原理是通过在硬件平台上引入安全芯片（可信平台模块）来提高终端系统的安全性，每个终端平台上植入一个信任根，让计算机从基本输入输出系统（Basic Input Output System, BIOS）到操作系统内核层，再到应用层都构建信任关系；以此为基础，扩大到网络上，建立相应的信任链。当终端受到攻击时，可实现自我保护、自我管理和自我恢复。

1.3.6.2　数据加密技术

数据加密技术是一门研究通信安全与信息资源保护的技术。近年来，随着互联网在日常生活中扮演愈加重要的角色，数据加密技术的应用环境逐渐复杂化与多样化，其在政务、金融服务、工业控制等领域的研究进展迅速[48~51]。与传统密码学近似，数据加密技术在网络信息安全中广泛应用的算法是对称密码算法、非对称密码两大类。

目前，在电力行业重要信息系统中，密码技术已得到体系化、规模化的应用。在发电厂内部重要系统和智能设备中，应用基于商用密码算法的数字证书体系和电力专用安全防护装置，实现调控指令的安全可靠执行，保障了电力监控终端的安全接入及终端与系统间数据交互的安全可控，提升了系统信息防篡改和防攻击能力；在输电系统中采用数据加密、身份认证等方法保证了输电线路状态监测终端与移动作业终端安全接入输电线路状态监测系统，进而保障输电环节的安全；在变电站系统中，部署了电力专用纵向加密认证装置，实现了具有远方遥控功能的业务数据的安全传输和系统与设备间的身份认证；在配电自动化系统中，基于密码技术和自动化技术实现故障自动定位、快速抢修和分布式能源接入的安全，对配电网进行离线与在线的智能化监控管理，提高了供电的可靠性；在用电信息采集系统中，基于自主建设的用电信息密码基础设施和研制的支持国密 SM1、SM2、SM3 算法的商用密码产品，建设了用电信息采集系统安全防护体系，保障了用电信息采集系统安全可靠运行；在电力调度系统中，基于电力调度数字证书系统，保障了电力调度系统安全可靠运行。

除此之外，量子密码技术作为数据加密技术中一种新兴的密码体系，目前也得到了部分应用。量子密码技术的出现增强了配用电业务传输的安全防护能力，避免“遥控”指令被破译导致的安全风险及终端被“劫持”“旁路”进而反向入侵主站导致的系统失控风险[52]。

1.3.6.3　攻击和防御技术

1）网络攻击

由于电力实际上带动着国家所有重要的基础设施（从电信到供水），电力系统已成为国际恐怖分子感兴趣的目标。对大型电厂或变电站的攻击可能会触发连锁瘫痪，对社会及经济产生严重的影响。所以必须分析网络攻击以确保电力系统信息网络的安全，保证电力企业能够稳定发展[53, 54]。

网络攻击是指利用网络存在的漏洞和安全缺陷对网络系统的硬件、软件及其系统中的数据进行的攻击。网络攻击分为主动攻击和被动攻击，主动攻击会导致某些数据流的篡改和虚假数据流的产生；被动攻击中攻击者不对数据信息做任何修改，截取/窃听是指在未经用户同意和认可的情况下攻击者获得了信息或相关数据。常见的网络攻击有 DoS① 攻击[55]及其衍生的 DDoS② 攻击[56]、网络扫描攻击、端口扫描攻击、蠕虫病毒攻击等。

2）网络防御

要提高网络的防御能力，加强网络的安全措施才能确保网络信息的保密性、完整性和可用性[57, 58]。网络防御技术包括网络防火墙技术、网络加密技术、入侵检测技术以及网络安全扫描技术，对应的网络防御方法有安装和定期更新防病毒软件、利用入侵检测系统实现网络监控、借助加密技术进行数据加密、使用网络防火墙技术进行防护、安装端口监视程序关闭未用端口、采用漏洞扫描软件检测系统漏洞等。

1.4 智能电网通信技术预测与趋势

1.4.1 智能电网通信未来需求与挑战

未来智能电网将是以电力为中心、以电网为主干的各种一次、二次能源的生产、传输、使用、存储和转换装置，以及它们的信息、通信、控制和保护装置直接或间接连接的网络化物理系统，是一个完全分布式的能源共享和调度平台，将兼容多种异构能源，并实现全网的能源供需平衡。未来新一代能源系统中，大电网系统保护等强实时、高可靠业务与能源互联网客户侧广覆盖、泛在接入业务并存。伴随着物联网、能源互联网等新型业务的开展以及大数据、人工智能时代的到来，传统电力通信网已越来越难满足用户日益高涨的应用需求，需要通过一些新架构、新技术提供现有网络技术难以支撑的服务、能力和设施，解决现有网络存在的问题，满足业务对网络系统的整体需求，切实推动网络发展。

未来智能电网在供能方、需求侧和系统上均面临着不同的需求和挑战。在供能

① DoS：Denial of Service，拒绝服务。

② DDoS：Distributed Denial of Service，分布式拒绝服务。

方，未来智能电网将面临可再生能源的全面渗透，需要集成不同的可再生能源区域，并兼顾电力供应的“孤岛效应”，实现不同能源的高效储能和平衡。在需求侧，需要考虑用户参与的效用控制需求的响应、客户动态参与的双向电力和信息交换、本地能源的存储和消耗以及电力驱动的交通运输等场景。在系统上，高度精确控制的电力系统需要分散式自组织控制模型、复杂的自主适应系统和高度安全的防护体系的支撑。

为了满足上述不同维度的能源生成、调度、存储、共享，实现能源供给的智能化，保障服务质量，需要依托先进的全域内的信息和通信技术基础设施。

1.4.2　智能电网光传输技术发展趋势

1.4.2.1　超 100G 光传输技术

100G 传输采用相干通信、偏振复用、软判决纠错等革命性技术，将迅速取代 40G 传输成为新一代长寿命技术。超 100G 传输采用高阶正交振幅调制（Quadrature Amplitude Modulation, QAM）、星座整形（包括概率整形）、非线性补偿等技术进行信号处理，采用新型低损大有效面积光纤、低噪声放大器以及分布式拉曼放大器等新方案提升传输性能，采用光学集成包括硅光集成、磷化铟集成、光学混合集成、光电混合集成以及高采样率高分辨率数模转换等技术提升能效，目标是解决谱效与传输距离、性能与能效之间的矛盾，实现超 100G 规模商用。超 100G 光传送是面向多场景的整体解决方案，覆盖从长距、城域到短距互联的各种应用。据预测，2022 年超 100G 技术将占据光网络带宽的近 1/3 份额。

基于对传输技术现状及发展趋势的分析，未来智能电网骨干传输的技术体制为：面向核心保护安控业务的小范围、强实时 SDH 10G 专网，以及面向大颗粒传送业务的基于超 100G OTN 的骨干传输网。并以此为核心，逐步实现非保护安控业务向 OTN 网络迁移，构建软件定义、下一代高速可控的电力传输网。2020 年，超 100G OTN 骨干传输网的省际网络已基本实现全部区域、省份覆盖，并逐步优化网络结构，建设迂回路由，并在有条件的省份实施波道扩容；至 2025 年开始单纤 3Tbit/s 试点，并开展软件定义 OTN 网络试点；至 2035 年全网平滑过渡至基于软件定义的 OTN 网络，全网 3Tb/s 覆盖。省级及地市大容量数据骨干网也跟随 OTN 发展趋势进行扩容扩建，最终平滑演进至自上至下基于软件定义高效可控的 OTN 网络，满足未来电网、能源互联网、新兴互联网业务对高速、安全、可靠传输的需求。

1.4.2.2 硅光技术

传统通信设备的光模块采用分立式，光芯片通过一系列无源耦合器件，与光纤实现对准耦合，完成光路封装。而硅光技术下的光模块基于互补金属氧化物半导体（Complementary Metal Oxide Semiconductor, CMOS）制造工艺，在硅基底上利用蚀刻工艺可以快速加工大规模波导器件，利用外延生长等加工工艺，能够制备调制器、接收器等关键器件，最终实现将调制器、接收器以及无源光学器件等集成，其具有集成度高、成本低及传输性能更优的特点。相比传统的光子技术，硅光器件可以满足数据中心对更低成本、更高集成、更多嵌入式功能、更高互联密度、更低功耗和高可靠性的依赖。

1.4.2.3 弹性光网络技术

为了满足未来网络中资源的需求，光网络结构正朝着高效性、灵活性、稳定性发展，弹性光网络有可能成为下一代高速发展光通信的重要载体[59]。弹性光网络的概念是相对于 WDM 网络不能动态变化而提出的，可以根据业务请求的带宽需求分配灵活的频谱资源，即把频谱资源分成更细的频谱隙，相比传统光网络频谱分配技术，这会使网络资源使用效率得到显著提高。弹性光网络中的弹性包括两层含义：第一层含义是指相对于 WDM 网络的固定频谱分割机制，弹性光网络采用的频谱分割机制是灵活可变的；第二层含义是指弹性光网络中采用的带宽转换器（Bandwidth Variable Transponder，BVT）能建立弹性的光路径，即对于同一条端到端的光路径可根据实际连接环境和连接需求采用不同的比特率以达到高频谱效率。

预计在 2020 年，SDN 技术将进入 2.0 时代，SDN 开放的网络架构与云、大数据技术结合，以云的方式部署控制和应用，用大数据技术分析和预测流量将成为 SDN2.0 的主要特征。通过上述技术的引入，可以实现 SDN 解决方案的安全弹性部署，保证 SDN 对数据存储、数据处理的高要求，并多维度预测网络流量趋势，从而进一步提升网络的智能化和敏捷性，在大流量环境下保证客户体验。

1.4.2.4 智能光网络技术

随着光通信技术的快速发展，光网络在可靠性、安全性、灵活性等方面暴露出来的缺陷制约了光网络的进一步升级，但结合人工智能技术有望解决光网络工程运维管理中面临的多种复杂性难题。

人工智能技术在光网络物理层中有许多应用，即光传输相关的应用，如可以帮助改进网络设备的配置和操作、光学性能监视、调制格式识别、光纤非线性缓解和传输质量（Quality of Transmission, QoT）估计等。人工智能在光网络层面也有较多的应用，其提供了多种自动化运营机会，并在网络规划和管理中引入智能决策、动态控制和网络资源管理，包括连接建立、自我配置和自我优化等能力，还可以通过利用当前网络状态和历史数据进行预测和估计。在光信号层面需要在网络关键节点采取行动，通过大数据和 AI 技术分析数据，以便获取更多网络状态数据，帮助在故障发生前采取预防措施，保证网络的健康，最终实现自我决策。

人工智能在光网络中存在很多新机遇和挑战，至 2025 年会主要解决攻击与入侵检测问题。在大规模网络中实施光网络基础设施攻击和入侵的检测、定位以及响应解决机制，存在巨大的计算复杂性，而人工智能技术在计算方面具有较大的优势。至 2035 年着重需要解决的方向是自动化网络管理操作和网络与计算资源的高效联合运营。在光网络操作领域，异构（多技术和多供应商）网络设备使光网络的操作、管理和维护成为复杂且具有挑战性的过程。而基于人工智能的技术被视为网络管理自动化的关键推动因素，尤其是深度学习技术，将在光网络规划和重新配置中发挥重要作用。并且诸如物联网（Internet of Things, IoT）、工业 4.0 或触觉互联网等新兴领域对网络也提出了严格的要求，例如低延迟、高带宽、可用性和安全性，计算与网络资源（也包括数据中心间网络）的联合分配正在受到越来越多的关注。而人工智能技术可以有效促进网络和计算设备的有效联合操作，执行虚拟网络功能（Virtualized Network Function, VNF）分配、任务分配、预测缓存和人为操作的插值 / 外推等任务，从而增强性能，并为物联网和触觉互联网应用提供更好的支持。

1.4.2.5　光纤－无线融合网络技术

配电通信接入网当前以光纤通信为基础，可以为用户提供高带宽，有着扩展性强、管理方便的特点。但是，随着宽带化和移动化逐渐成为接入网发展的主要趋势，单一的光网络接入已经不能满足用户对于移动化的需要[60]。从目前的发展情况来看，将有线和无线接入方式的融合作为一种新的接入方式，是“最后一公里”发展的必然趋势。光纤－无线融合接入网（Fiber Wireless, FiWi）通常采用“树形－网状”（Tree-Mesh）拓扑结构，如图 2-1-3 所示，由后端的树形拓扑 PON 网络和前端无线网状网（Wireless Mesh Network，WMN）或者无线传感器网络（Wireless Sensor Network，WSN）组成。

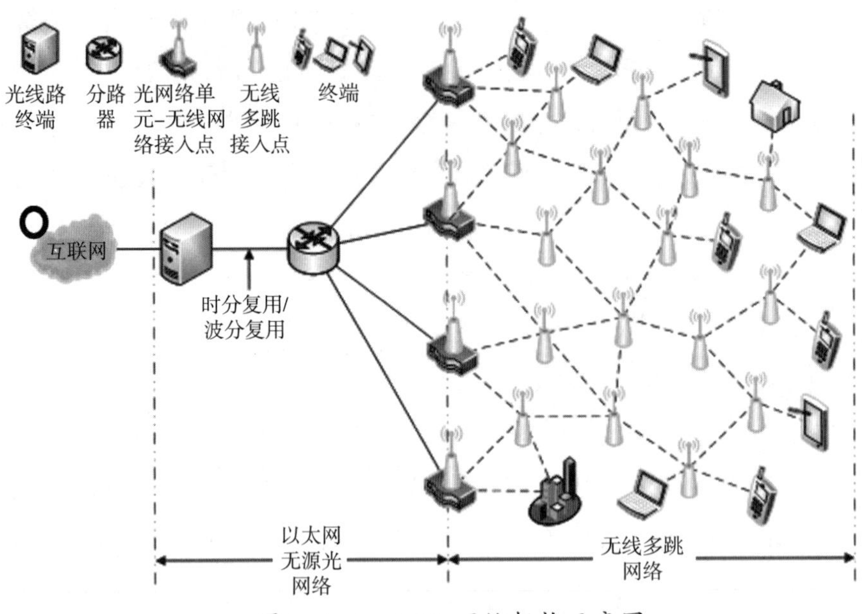

图 2-1-3 FiWi 网络架构示意图

凭借诸多优势，FiWi 接入网已表现出广泛的应用前景：

（1）光纤不可达区域的灵活宽带接入。FiWi 接入网通过前端无线网状网络与后端光网络的结合，可以解决山区及建筑群较密集地区光纤铺设成本较高甚至难以部署的难题，同时可以提升网络运维效率。

（2）电力通信系统管理。智能电网规模的日益庞大且各类电力数据量呈指数增长趋势，传统电力线通信无法满足未来电力行业的发展需求。FiWi 接入网能在保证传输带宽和数据采集灵活性的前提下实现智能电网中大量无线传感器基础设施的无缝对接。

（3）智能家居。在智能家居中运用 FiWi 接入网技术不仅可以随时随地接入，同时可以广泛地支持各种接口标准的无线与固定智能家居终端设备，具有较好的应用前景。

1.4.2.6 小结

总的来看，未来光通信发展在技术与应用层面上将体现在三个提升和一个降低，分别为容量提升、智能提升和融合提升，以及成本降低[61]。其中，容量提升是指通过提高速率、多粒度大容量交叉、灵活栅格等技术方式来提高光纤通信容量，以满足日益扩展的、大容量多业务承载需求；智能提升是指通过软件定义光网络、光网络虚拟化、人工智能等先进技术，使光网络具有可编程性和灵活的资源调控能力；融合提升是指在各项先进技术的融合与协同方面提升整体性能，有效解决单靠某一种技术难以实现甚至无法实现的难题，包括移动与光的融合，传感器与光的融合，IP 与光的融合，业务与光的融合等[62]。成本降低是指通过多种技术手段和工程方法将成本降低。为了实现上述系统级的创新，必须要有一些关键点支撑，尤其是高端的核心光电芯片与器件支撑，例如硅光、光子集成等先进技术，还需要高端测试仪表的支持。

1.4.3　智能电网无线接入技术发展趋势

电网的“输 – 发 – 变 – 配 – 用”不同环节将随着网络的智能化发展产生变化。

（1）能源供给形态将从集中式、一体化的能源供给向集中与分布协同、供需双向互动的能源供给转变。

（2）“输 – 变 – 配”将向安全高效、态势感知、柔性可控、协调优化特征转变。

（3）用电则将向互动化与宽带化方向发展。

这种理想的智能电网形态超出了现有智能电网无线网络的供给能力，需要技术的演进才能与业务的需求完全适配。预计在 2020—2025 年，5G 技术将逐渐成熟，并走向全面商用，5G 技术具有增强移动宽带（eMBB）、海量机器类通信（mMTC）、超高可靠与低时延通信（uRLLC）三大技术实现方式，分别满足超宽带（10Gbps），大连接（100 万个 /km^2）和低时延（1ms）的需求，运用不同技术并结合网络切片技术分别解决 4G 网络无法应对的精准负荷控制、相量测量装置（Phasor Measurement Unit, PMU）、差动保护、视频监测等电力业务。2025 年之后，人工智能技术不断侵入通信网，基于 NFV 的网络虚拟化技术亦将改造现有通信网走向 IT 化，移动通信技术进入 4.0 时代，“AI+ 虚拟化 +5G”所形成 B5G 网络将使电力通信网更加智能化。到 2030 年之后，6G 技术将逐渐普及，6G 技术相较于 5G 技术，将由多元化接入网络向全能力接入网络演化，更能满足未来新形态的智能电网的业务承载需求。

1.4.3.1　高可靠与低时延接入技术

当前，5G 技术在宽带接入技术上（eMBB）将逐渐成熟，已有无线专网以及演进也可以提供海量连接能力（mMTC），但电力业务如差动保护、精准负荷控制等对时延、可靠性有较高要求，仍需要高可靠低时延接入 uRLLC 技术来进行接入，同时在通信网络端到端承载上，基于虚拟化的网络切片和边缘计算等技术将进一步解决电力业务的差异化承载与实时高效处理问题。作为 uRLLC 将提供超高可靠与超低时延的接入能力，关键技术主要包括：微时隙结构、快速上行接入、高鲁棒性编码重传等技术。

1.4.3.2 网络切片技术

网络切片是对现有物理网络进行切分，形成多个彼此独立的逻辑网络，为差异化业务提供定制化服务。根据不同业务的服务质量（Quality of Service，QoS）需求，网络切片被分配相应的网络功能和网络资源，实现 5G 架构的实例化，智能电网可以根据业务承载与安全隔离需求，进行网络切片的定制化应用。

网络切片整体包括接入、传输、核心网域切片使能技术，网络切片标识技术，网络切片端到端管理技术，网络切片端到端服务等级协议（Service-Level Agreement，SLA）保障技术 4 项关键技术。

1.4.3.3 移动边缘计算技术

移动边缘计算（Mobile Edge computing, MEC）将在智能电网无线网络边缘提供 IT 服务环境和云计算能力。通过将云计算和云存储部署到网络边缘，提供一个具备高性能、低时延与高带宽的电信级服务环境，加速网络中各项内容、服务及应用的分发和下载，让智能电网享有更高质量的网络服务。移动边缘计算的关键技术包括虚拟化网络功能技术、云化的边缘计算解耦技术和基于 SDN 的网络控制技术等。

1.4.3.4 空地无缝接入技术

5G 时代的移动通信网络采用的均为蜂窝架构，边缘的站间干扰、投资效率低下，造成网络性能优化难、投资成本高，特别是在高频段应用下无法满足电力终端深度与广度的全位置覆盖需求。云化无线接入网（Radio Access Network, RAN）、多输入多输出（Multiple Input Multiple Output, MIMO）和波束赋形技术，通过集中调度和协调多个小区工作，实现“多小区可服务单一用户”的“以用户为中心的网络”，实现这样的架构可以结合完全虚拟化的无线接入网（云化 RAN）、频谱云化技术、大规模 MIMO 技术（massive MIMO）和波束赋形技术，未来 6G 基站将只有天线与射频部分，RAN 完全虚拟化，因此，部署灵活。这种按需部署的无蜂窝网络将使得网络性能最大化，网络配置具有高的成本效率，对地面终端的覆盖能力也将大幅提升，如图 2-1-4 所示。

另外，未来 6G 势必将覆盖整个全球范围内能源互联网，因此需要使用卫星、无人机等高空无线平台等技术来支持建设陆海空一体化的“泛在”融合信息网络，将无线网络在空间维度进一步延伸。通过天地一体化网络，6G 通信技术将不再是简单的网络容量和传输速率上的突破，将真正实现电力行业万物互联这一终极目标，如图 2-1-5 所示。

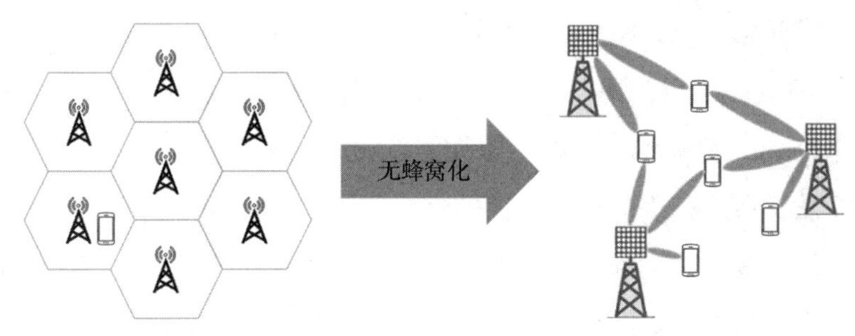

图 2-1-4　蜂窝网络向无蜂窝网络架构演进

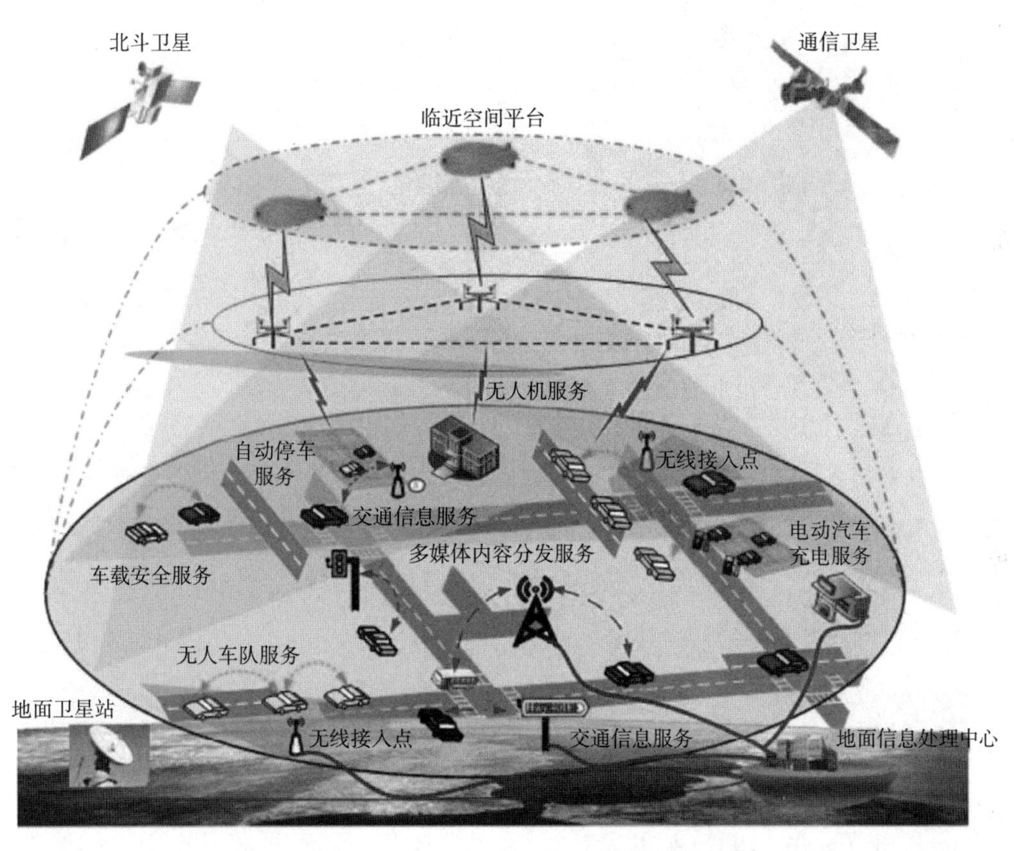

图 2-1-5　空地一体化融合信息网络

1.4.3.5　大连接巨址通信技术

针对未来智能电网电力通信终端与智能业务终端的超大规模连接需求，电力无线网络需要提供海量终端的巨址接入能力，主要通过大维时空通信和动态频谱共享技术来实现。

1）大维时空通信

无线资源的维度（dimension）包括空间、时间、频率和它们的组合，目前正交的频谱资源已非常紧张，空分复用技术可以充分利用空间资源来扩展多址能力，让同一个频段在不同的空间内得到重复利用。结合大规模 MIMO 技术，利用大规模阵列天线，实现波束更窄、更精确的波束赋形，可以实现更高流数的多用户空分复用。在发射端发射多个用户相互独立的信号，在接收端采用干扰抑制的方法进行解码，充分利用空间无线资源，在不增加频谱和功率条件下，理论上空口信道容量随着收发端天线对数量线性增大，从而显著提高系统网络容量，如图 2-1-6 所示。

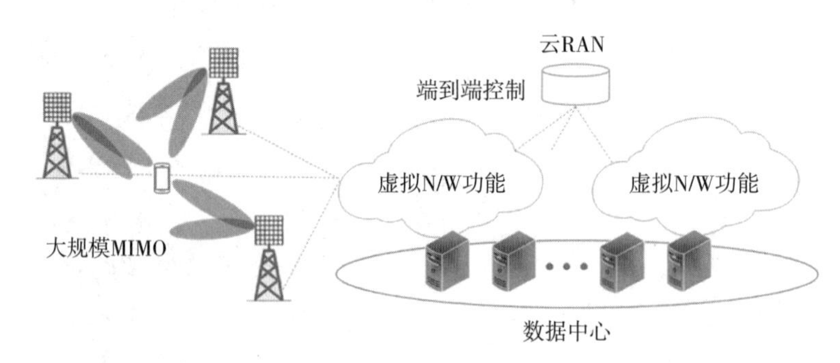

图 2-1-6　网络云化结合大规模 MIMO 技术

2）动态频谱共享

除了在时空维度寻找正交维度实现对巨址接入需求的能力满足，也可以对频谱进行动态共享接入来扩展接入容量，这种方式可以用于优先级不是很高但具有海量接入需求的电力业务。动态频谱接入（Dynamic Spectrum Access，DSA）是一种频谱共享模式，这种模式允许二级用户在授权的频谱带宽中获得丰富频谱空隙。DSA 技术可以缓解频谱短缺问题并且提高频谱利用率。

1.4.3.6　太赫兹巨量通信

针对未来智能电网 VR 作业、全时 3D/ 超高清监控、多媒体用电互动的巨大带宽传输需求，需要研究 6G 巨量通信技术。目前随着极化码、低密度奇偶校验（Low Density Parity Check, LDPC）码的成熟，信息处理技术已逼近香农极限，因此还需要不断开发新的频谱资源才能本质提高信息传输速率。5G 技术已经开始使用毫米波频段来增强容量，因此 6G 将频谱扩展重点放在了太赫兹（THz）波段。THz 波段是继微波和光通信之后又一重要频段，是未来大容量数据实时无线传输最有效的技术手段，它在高速无线通信领域具备明显的技术优势。

太赫兹波段是指频率在 0.1~10THz 范围内的电磁波，相应波长范围为 0.03~3mm。该频率在电磁波谱中占有特殊的位置，介于微波和红外波段之间，过去对其研究以及开发利用都相对较少。太赫兹频段可以提供较大的带宽和较高的传输容量，在超高速无线通信方面有巨大的应用潜力，如图 2–1–7 所示。

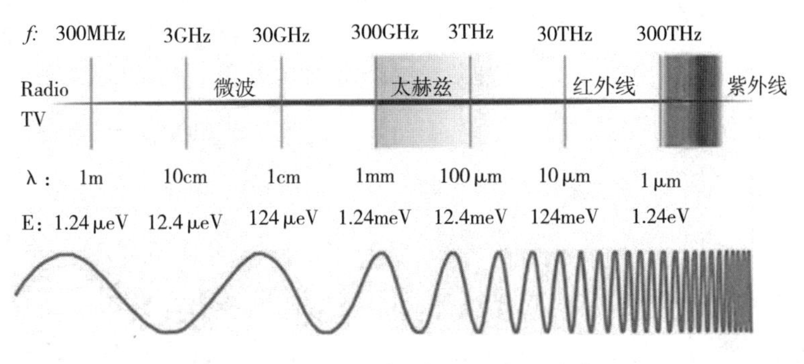

图 2–1–7　6G 将迈入太赫兹时代

太赫兹波兼有微波和光波的特性，具有量子能量低、穿透性强、频带宽、抗干扰能力强、安全性好等诸多特性，在通信领域展现巨大优势。

（1）太赫兹波频段比微波通信高出 1~4 个数量级，频谱资源丰富，通信容量更大，在宽带无线移动通信领域具有巨大的优势；高速数据传输能力强，具备 100 Gb/s 以上高速数据传输能力。

（2）太赫兹波传播的方向性好、波束窄，且大气对太赫兹波的吸收能力较强，这使得太赫兹通信的抗干扰能力更强，保密性和安全性更好。

（3）波长相对更短，天线的尺寸可以做得更小，结构也相对简单，因此更为经济。

（4）太赫兹波具有高频率、短波长的特性使得其具有更强的穿透能力，不易受到沙尘、雨雪等恶劣天气的影响，并可实现全天候工作。

太赫兹波具有的上述特性和优势使其能够解决信息传输受制于带宽和安全性问题，更适用于电力用电侧或者站内超宽带近距离通信，或者与电力广域蜂窝技术融合来满足各种电力通信场合需求。不过，若要使用太赫兹波来应用于电力通信网络中还存在很多问题需要解决。主要的挑战有通信范围小、传输不稳定、信号放大器研制等问题。

1.4.3.7　小结

总结来看，基于 5G/B5G 的智能电网无线接入网络将通过多元化接入技术的相互融合组网，以及 AI、边缘计算、网络切片等技术的应用，弥补 4G 无线网络所存在的不足。面向未来业务演进，基于 6G 的智能电网将具有全能力与全位置接入、巨量与巨址通信的特征，将基于太赫兹通信、动态频谱共享、大维时空多址接入、无蜂窝网络、空地通信等关键技术实现电力业务的全面与泛在接入。

1.4.4 智能电网数据通信技术发展趋势

为了实现未来带宽需求、时延需求、安全需求各异的业务传输需求，智能电网数据网应该具备高度的弹性和自主性，以实现业务资源的动态按需保障。随着SDN/NFV技术的不断发展，其对数据网所带来的虚拟化、切片化、集中化的优势，能够很好地满足数据通信网的业务需求。因此预计在2020—2025年，基于SDN/NFV的智能电网数据通信网将成为主流的技术。随着通信技术的不断演进，从长远的未来发展需求来看，泛在智能和全息通信将是支撑数据网络的关键技术，因此在智能电网的数据通信网技术发展上，预计在2025—2035年，自主智能的智能电网数据网络将成为主流趋势。

1.4.4.1 基于SDN/NFV的智能电网数据通信网技术

1）基于SDN/NFV技术的智能电网数据通信网架构

SDN/NFV驱动的智能电网的数据通信网架构中，主要基于现有的标准化的SDN/NFV架构，综合5G的切片技术，在现有基于IP的数据网之上，构建数据通信网络，并实现数据网络的软件定义和网络服务功能的虚拟化。此时需要面向不同的电力应用场景的业务等级和时延、带宽等需求，选择不同类型的切片来完成业务承载，并基于全虚拟化的架构，实现基于虚机容器等不同层级和颗粒的隔离体制。

在该架构下，首先要基于感知结果和业务质量的约束，实现业务切片的动态网络服务功能的映射，将服务功能链映射到不同的边缘设备和核心网设备。同时，可基于切片间竞争有限资源场景，通过合适的人工智能优化模型实现高效的资源分配，实现资源利用率的最大化。具体的，包括业务切片的初始分配和切片资源的动态优化两个方面。

2）智能电网通信业务切片的资源映射

未来智能电网的数据通信网络需要承载海量的不同类型且需求相差极大的通信业务。如果这些业务用同一标准提供服务，通信网络资源就得不到充分利用。而网络切片技术可将网络中具有相似特性和服务质量要求的业务聚合起来，用同一个切片进行服务，并以切片为粒度，映射到底层的网络基础设施，保证端到端业务的服务质量，从而在资源利用率和实现复杂度之间折中。

数据通信网在进行具体的切片资源映射时，将首先根据切片端到端服务质量要求、切片资源要求与网络资源总量建立规划模型。即所有切片分得物理节点资源不能超过每个节点的资源总量，切片中网络功能所在物理节点之间需要存在逻辑链路，每条物理链路上所有切片到总业务量不能超过链路带宽，并且网络中流入节点的流量等于终于节点和流出节点到流量之和，资源分配到结果还需要满足网络服务质量要求，比如带宽、时延和健壮性等。由于构建到规划模型中同时包含整数和非整数变量，因此，通过管理功能的计算，获取最佳的资源分配方式和映射方案，并下发给对应的通信设备来执行具体的方案。

3）流量感知的网络切片资源动态优化

在网络切片运行过程中，经过切片的业务流量并不是一成不变的。在切片流量较低的情况下，显然可以通过减少一定的资源来改善网络资源的整体利用率。然而，未来智能电网数据通信网的目的就是提供端到端的通信业务质量保证，切片资源量的改变势必对此产生不利影响。

为了在提高切片网络资源利用率的同时，保证智能电网数据通信网的服务质量，网络一方面需要实现切片业务流量预测，准确把握流量的变化趋势，使资源调整具备合理依据；另一方面需要实现具有鲁棒性的资源优化，以保证突发高业务量下可以及时进行资源扩容，保证服务可靠性。具体的，需要开展如下两个方面的研究。

（1）基于智能学习的业务资源需求精确预测。为了实现切片资源的快速调度，需要基于历史资源数据对未来的业务资源需求进行预测，以支撑数据通信网络的动态响应。在未来的智能电网通信网的管理功能中，将集成多种精确的智能学习模型，通过训练和对比分析，确定最佳的智能学习模型，在指定的需求预测粒度和间隔上，获取最为精确的业务资源需求预测结果。

（2）基于增强学习的资源动态并行分配。由于未来智能电网数据通信网中每个切片将包含大量不同类型资源，优化切片资源将涉及大量参数变量，并且需要考虑环境中其他切片的运行状态和网络总资源的限制。为了能够保证资源分配的合理性和快速响应，管理功能将依据资源的约束，以整体收益为最大值，通过业务水平、资源配置、环境状态（网络节点和链路当前负载与变化趋势）的调整，确定最大化累计期望收益的动作，并将对应的资源下发给具体的通信节点，从而实现资源的弹性动态分配。

1.4.4.2 自主智能的电网数据通信网技术

随着数据通信网的不断演进和人工智能的不断升级，网络将从 SDN/NFV 技术驱动的被动式资源分配逐步转向意图驱动的主动式资源伴随响应阶段。此时网络将具备真正的自主意识，可基于通信业务的需求智能解析，并伴随完成网络功能的自主配置、优化以及故障恢复。具体的，其需要构建新型的自主智能的数据通信网架构、实现全息的泛在节点通信过程，并可通过智能计算，实现网络资源和服务功能的柔性调度与性能评估，真正实现数据通信网和智能电网间的伴随服务。

1）自主智能的数据通信网架构

为了实现对电力系统的全息监控和业务快速响应，需要通信网络本身能够提供大带宽、低时延、高可靠的沉浸式通信服务，从而快速获取电力网络的状态信息，为电力系统的能源调度、故障恢复等提供直接的依据。具体来说，支撑未来智能电网的数据通信网将提供如下几个方面的能力。

（1）全息型通信。未来的数据通信网中承载的将会是信息全息图或全息对象。其包含了完整的能力、状态等信息，并通过属性矩阵等方式来进行封装。使网络能够有选择性地选择在发生拥堵的情况下可能会丢弃传输中的数据的哪一部分，并且仍然能够重建另一边的信息。在今天的TCP框架中不可能进行这种通信，因此需要新的通信协议、算法和编码方案。

（2）瞬时的信息传送。即信息必须在指定的时间范围始终即时提供。针对全息的海量信息，面对突发状态时，要快速完成数据的重要性区分，并依据通信节点的状态信息，通过自主智能计算完成网络决策的快速生成和实时下发，从而降低通信网的故障影响，保证智能电网整体的安全运行。

（3）内在的安全可信。考虑到智能电网数据网络承载信息的重要性，需要保证高度的网络可信性。因此，需要构建可信赖的安全认证模型，并为业务选择高度可信的路由范式，并获得成本和安全可信之间的平衡。

面对上述能力需求可知，已有的IP技术体系将不再适用。因此，未来的智能电网数据通信网的架构需要在现有网络上做如下演进。

（1）新IP协议结构。过去的分组交换方式存在逐包传送、排队时延长、易发生拥堵等问题，面向上述需求，提出合适的新型IP协议架构来描述未来的应用程序方案，引入新IP使能网络高精度服务。

（2）自主的服务质量约束功能组件。面向电力控制等业务的服务质量精度要求，基于智能计算，提供面向全息对象的定制化信息远程传输服务。

（3）要实现广域范围内的智能电网的控制，需要来自多个系统的数据支撑。此时，智能电网数据通信网的架构需要联合天地一体化网络，提供新的路由和网络（寻址）范式，新的信任建立模型和更多的自主服务水平协议。

总体来说，未来智能电网的数据通信网架构支撑以全息化身为中心的通信方式，具备超低延迟的特征，并提供新的数据平面、新的控制平面、安全可信、高效的传输控制协议、新的路由技术，是一种兼顾电力通信特征，基于现有 IP 技术的演进的智能化通信架构和方案。

2）基于智能计算的资源柔性调度与性能评估

在自主智能的数据通信网架构之后，需要基于人工智能等技术构建意念驱动的网络，实现网络的随需即用的智能化。为了保障业务的高可靠传输，具体的使能技术包括认知增强与决策推演的网络智能定义和安全可靠的网络传输技术两个方面。

人工智能技术通过自学习状态、特征从而不断迭代优化输出结果，为解决复杂多变的未来智能电网通信网络服务提供了新的解决思路。针对基于 SDN/NFV 的网络缺乏自主化能力，部分设备异构性难以屏蔽等特征，未来智能电网通信网将集成认知增强与决策推演的网络智能定义方法，并构建以业务需求为核心的分层分域功能架构；针对未来网络环境动态复杂的特点，利用人工智能技术对网络资源分布情况与变化规律以及业务服务质量进行监控和建模分析，并结合集中管控的思想，实现网络中路由、传输、缓存、资源分配等策略的自适应推演以及自动化运维。

在全面感知未来智能电网通信业务需求的基础上，通信网络也需要提供安全可靠的网络传输技术。一方面，针对大规模、低时延的全息感知服务，通过网络编码技术，将信息内容按块转化为编码数据进行传输和缓存，在提高数据传输效率的同时，保障用户服务的隐私以及内容的安全；另一方面，针对高安全性的控制类业务，利用人工智能和边缘计算技术，对服务内容进行特征信息提取，并将提取的特征信息回传，在保证用户信息安全的同时，降低回程网络压力，提高用户服务质量。

在上述技术的驱动下，围绕网络资源调度这个核心功能，电力数据通信网将通过智能计算单元构建、资源随需调度与功能柔性重组以及资源调度效果评估与自提升 3 个方面完成智能化的决策。

（1）基于增强学习的智能计算单元。智能计算单元的功能架构和学习流程如下：以接入层、网络层和业务层的感知信息作为输入，基于初始规则，综合有效的增强学习模型特征，自动选择合适的模型生成对应的规则，完成不同智能电网通信业务所需的不同层次的资源的分配和协同策略，并依据新的规则完成对感知信息的反馈。

（2）基于智能电网通信业务对网络资源和网络功能的具体需求，面向网络配置、网络优化、故障恢复等场景，基于网络的层级承载和拓扑结构，实现对网络资源的随需调度和网络功能的柔性重组。

（3）基于智能计算单元所生成的网络需求、演进态势、协同策略等相关规则，管理功能可对网络资源调度和柔性重组结果有效性进行自主评估，基于评估结果提出规则自提升方案。

到自主智能的智能电网数据网后期，网络将进入沉浸式虚拟阶段，此时的智能电网数据通信网结构将发生彻底的颠覆，且网络将成为泛在智能驱动的跨域分层的架构。此时，通过泛在智能计算和虚拟现实世界无缝连通技术，实现广域范围内多种能源生成和供给的泛在供需平衡，是未来智能电网数据网愿景。

1.4.4.3 小结

本节分阶段对智能电网数据通信技术的发展趋势进行了展望。首先对 SDN/NFV 驱动的智能电网的数据通信网阶段进行了介绍。该阶段的数据通信网将基于现有的标准化的 SDN/NFV 架构，综合 5G 的切片技术，构建数据通信网络，并实现数据网络的软件定义和网络服务功能的虚拟化。在网络架构上，通过 IP 协议和叠加其上的 SDN 和 NFV 技术，实现全局的路由控制和虚拟化功能定义；在关键技术上，通过基于人工智能的资源感知预测、虚拟资源的分层映射，以及网络的切片式资源管理，最终在应用层实现业务需求的主动感知和端到端资源的动态分配。基于该架构及感知结果和业务质量约束，能够实现业务切片的动态的网络服务功能的映射，并通过合适的人工智能优化模型实现高效的资源分配，实现资源利用率的最大化。

随着数据通信网的不断演进和人工智能的不断升级，网络将从 SDN/NFV 技术驱动的被动式资源分配逐步转向意图驱动的主动式资源伴随响应阶段。此时网络将具备真正的自主意识，可基于通信业务的需求智能解析，并伴随完成网络功能的自主配置、优化以及故障恢复。具体的，在网络架构上需要新的 IP 协议支撑，需要人工智能驱动的高级路由协议，并部署自主的自主服务质量组件；此时，通过网络认知决策推演、网络性能自主评估和网络功能柔性重组等关键技术，实现网络资源和服务功能的随需调度和自主运维，真正实现数据通信网和智能电网间的伴随服务。

1.4.5　网络安全技术发展趋势

1.4.5.1　新型安全防护技术

1）面向“云大物移”新型需求的安全认证与访问控制技术

（1）安全认证技术。随着大数据、人工智能、移动互联网、物联网、云计算等技术的快速发展，网络身份认证技术演进呈现5个发展趋势：①由离线数字证书为主导的证书服务演化为以在线身份服务为主导的身份管理；②以静态认证为主导的身份鉴别发展为以大数据风控为主导，融合多种技术的身份鉴别；③简单的“是或否”单一模式身份认证转变为具有多模式多安全级别的身份认证；④专业化的共享共用身份管理服务逐步替代孤岛隔离的分散的身份管理；⑤传统加密算法升级迭代速度加快，以量子加密、轻量级加密为代表的新型加密算法将成为研究热点。

预计到2025年，基于量子密码的身份认证技术将会得到初步应用，真正意义上保证身份信息的绝对安全。预计到2035年，身份认证将朝着新型生物身份认证方向迈进，基于使用者的行为习惯、脑波频率、声纹、耳郭、静脉特征及多特征融合的新型生物特征实现身份认证。

（2）访问控制技术。随着云计算、物联网、大数据、“互联网＋”等技术和应用的发展，让访问控制既适应传统的应用环境和因特网，又顺应云计算环境、大数据应用等，将是新一代访问控制必须面临的挑战。新型的访问控制技术主要有基于角色的访问控制技术（Role Based Access Control, RBAC）、基于任务的访问控制技术（Task Based Access Control, TBAC）和基于组机制的访问控制技术（Group Based Access Control, GBAC）。目前访问控制技术有两个发展趋势：增加访问控制精细程度和增加访问控制决策的策略基础。未来可能的发展方向有：新的访问控制模型，包括全新模型、现有模型的改造融合、模型的安全性证明、策略冲突自动检测等。

新一代访问控制既能适应传统应用环境和互联网，又必须顺从云计算环境和大数据应用，预计到2025年将涌现出大量传统访问控制技术与其他安全技术（如密码技术、虚拟化技术、生物技术、感知技术等）相结合的新一代访问控制技术。2035年，将会朝着新型访问控制技术的全面应用方向迈进。

2）面向IPv6的通道隔离与安全技术

（1）通道隔离技术。网络隔离技术有物理网络隔离、逻辑网络隔离、虚拟局域网

（Virtual Local Area Network, VLAN）、虚拟路由和转发、多协议标签交换、虚拟交换机等。网络隔离技术的关键点是如何有效控制网络通信中的数据信息，即通过专用硬件和安全协议来完成内外网间的数据交换，以及利用访问控制、身份认证、加密签名等安全机制来实现交换数据的机密性、完整性、可用性、可控性，所以如何尽量提高不同网络间数据交换速度，以及能够透明支持交互数据的安全性将是未来网络隔离技术发展的趋势。此外，虽然 IPv4 是目前互联网的基本通信协议，但随着网络发展，IPv4 地址逐渐被耗尽，同时 IPv6 开始逐步扩大部署，IPv4 网络与 IPv6 网络共存。因此对 IPv6 的通道隔离也是目前研究的方向和趋势。同时通道隔离技术也广泛出现于多种应用，带来许多安全问题。

预计到 2025 年，针对通道隔离技术中的注入、地址欺骗、反射器攻击等安全问题将成为研究热点，深度包检测（Deep Packet Inspection, DPI）、互联网安全协议（Internet Protocol Security, IPsec）和过滤 3 个方向研究相应的对策是未来技术发展的趋势。预计到 2035 年，随着 IPv6 的全面覆盖，基于 IPv6 和 IPv4 混合的通道隔离技术也趋于成熟，并同时得到更大规模应用。

（2）通道安全技术。MPLS VPN 是基于 MPLS 网络实现的 VPN。自 MPLS 协议被国际互联网工程任务组（The Internet Engineering Task Force, IETF）发布以来，多协议标签交换已经被公认为下一代网络的基础协议，而 MPLS VPN 也被认为是一种极具增值潜力的网络应用服务。由于 MPLS VPN 能够解决复杂的流量问题、服务质量较优、能够提供快速路由转发等优异特性，预计 2025 年 MPLS VPN 将会是服务提供商和企业在通道安全发展方面的趋势之一。

同时，光虚拟专用网（Optical Virtual Private Network, OVPN）也在研究应用中受到关注。OVPN 业务同传统的虚拟专用网业务一样，使得用户能够在公网内部灵活组建自己的网络拓扑，并允许运营商对物理网络资源进行划分，提供给终端用户全面安全地查看和管理 OVPN 的能力，如同每个用户拥有自己的光网络一样。OVPN 把传统的数据传输网络转变为智能业务网络，同时使运营商能优化带宽利用率，改善服务质量的同时降低成本，因此成为另一大发展趋势。随着对 5G 需求的提升，预计到 2035 年，自动交换光网络（Automatically Switched Optical Network, ASON）商用网络将大规模覆盖，OVPN 技术研究将趋于完善并同时应用在多个领域中。

3）新型通信安全防护技术

可信计算作为一种新型通信技术，来源于工程技术发展，到目前为止还没有一个统一严格的可信计算理论模型，未来将加强可信计算基础理论和体系结构的研究，如可信计算的数学模型、可信软件的行为学和进化模型等。预计到2025年，可信计算行业规范将逐步成型。除此之外，可信计算硬件设计主要是集成电路设计，未来单芯片上将会集成数十亿晶体管，使得多核处理器和多处理器片上系统的出现成为必然。对多核系统的设计验证和测试是保证硬件可信性的关键。应用系统是可信计算发展的根本目的和推动力，预计到2035年，可信计算将在云计算、大数据、物联网、工业系统移动互联网、虚拟动态异构计算环境中提供基础保障，并将在电子商务、专控、军事电子等方面得到试点应用及推广。

1.4.5.2　新型混合的数据加密技术

随着网络技术和信息技术的飞速发展，数据加密技术呈现以下3种发展趋势。

（1）私有密钥加密技术与公有密钥加密技术相结合。即综合使用数据加密标准/国际数据加密算法（Data Encryption Standard/International Data Encryption Algorithm, DES/IDEA）和RSA算法，以DES为“内核”，RSA为“外壳”，保证数据传输安全的同时提高加/解密速度。

（2）寻求新的数据加密算法。跳出以常见的迭代为基础的构造思路，脱离基于某些数学问题复杂性的构造方法。

（3）将数据加密技术最终集成到系统和网络中。预计到2025年，混合密钥加密技术将得到飞快的发展，并逐步走向实际应用；终端用户的隐私性与安全性将得到更有利的保障。

除此之外，由于计算机运算速度的不断提高，人们迫切需要新的密码体制。目前，利用量子作为密码、量子状态作为密钥的量子密码，以DNA为信息载体、现代生物技术为实现工具的DNA密码，以混沌系统所具有的对初值极端敏感性为理论基础的混沌密码[63]等密码新技术已被引入计算机科学、生物学和物理学的最新前沿。现实中出现的软件、硬件，甚至一切都是不安全的多元化攻击环境，又催生了诸如白盒密码、代码混淆、抗泄漏密码等一系列的新型密码理论。预计到2035年，这些新兴的密码体制将由实用化步入商用阶段，在信息保护的各个领域，如信息隐藏、数据加密、安全认证等得到广泛的应用，优势得到最大化的利用。

1.4.5.3　基于量子和AI的攻击和防御技术

随着网络的迅速发展，网络的攻击方法已由最初的零散知识发展为一门完整系统的科学。与此相反的是，成为一名攻击者越来越容易，需要掌握的技术越来越少，网络上随手可得的攻击实例视频和黑客工具，使得任何人都可以轻易地发动攻击。因此防御技术的同步发展显得尤为重要，从攻击趋势分析中发现，目前网络安全防范的主要难点在于：攻击的“快速性”—漏洞的发现到攻击出现间隔的时间很短；安全威胁的“复合性”——包括多种攻击手段的复合和传播途径的复合性。

目前最新出现的网络攻击技术改进了一般常用的网络攻击技术。例如：新型DDoS攻击——Memcached DDoS攻击，利用高性能缓存系统（Memcached）、时钟网络同步服务器（Network Time Protocol, NTP）等新型DDoS攻击手段搭建网络攻击平台。Memcached DDoS攻击属于反射型DDoS攻击。预计到2025年，以Memcached DDoS攻击为代表的反射型DDoS攻击技术会被广泛改进和使用，造成巨大的安全威胁。

此外利用应用程序接口（Application Programming Interface, API）执行攻击也是下一个攻击技术方向。例如：通过一个网站上开放的一个未经验证的API终端，任何人都可以通过该API查看其内部数据，导致网站所属公司几万客户数据被泄露。利用API的常见攻击方式包括API参数篡改、会话cookie篡改、中间人攻击、内容篡改、DDoS攻击等。由此，未来的关注焦点在于如何在不影响敏捷开发与功能扩展效益的情况下最小化API相关网络安全风险。

预计到2035年，利用API的攻击技术会被更广泛地利用，而针对利用API的攻击的防御技术也得到相应的发展，其防御技术的发展方向包括以下3个方向。

（1）在整个开发过程中始终考虑敏捷开发运维安全（DevSecOps）和面向公网的API安全，通过预测API被恶意利用的途径，利用可靠的身份验证和授权的实现来防御。

（2）应用行业安全最佳实践和标准，密切关注常见API漏洞，可利用开放Web应用安全计划（Open Web Application Security Project, OWASP）中找到。

（3）将独立的API集中存储到应用代码库中，用API网关来监视、分析和限制流量，最小化DDoS风险，实现预设的安全策略（如身份验证规则）。

未来随着人工智能的发展，预计到2025年，基于AI的强化型网络攻击将成为主要攻击手段，人工智能将继续遵循现有网络攻击的套路，只是具备更强的能力和执行效率，AI支持型攻击者能够快速收集组织并处理大型数据，进而探测漏洞，简化攻击实施门槛并加快攻击执行速度，在遇到阻力时，能够快速做出反应。量子计算能够在几分钟内破解复杂的加密技术，预计到2035年，量子计算将会凭借强大的计算能力对传统的安全机制产生巨大威胁，对手的敏感信息、通信服务、交易以及关键基础设施可能将无秘密可言。

1.4.5.4 小结

对应于网络的演进阶段，网络安全技术的演进也分为2025年和2035年两个阶段。第一阶段所涉及技术为当前成熟的相关安全技术，在安全防护技术上，针对安全认证和访问控制技术，可采用的技术包括基于量子的安全认证，传统技术与新型技术相结合的访问控制技术等。在通道隔离与安全技术上，基于通道注入、地址欺骗、反射器攻击等多维的深入通道隔离技术和基于5G的安全隔离技术进行了展望，并分析了可信模式等新型的安全防护相关的技术。在数据加密技术上，分析了混合加密的优势；在攻击和防御技术上，对反射型DDoS攻击技术、基于API的攻击技术和对应的AI驱动的防御技术进行了展望。

第二个阶段，在安全防护技术上，对新型生物身份认证与新型访问控制技术、基于IPv6和IPv4混合的通道隔离技术、综合各种新兴技术的安全通信方式等安全防护技术进行了展望。进而对基于量子的白盒密码、代码混淆、抗泄漏密码等一系列的新型密码理论进行了分析，并提出了基于量子计算的高效攻击和防御技术。

1.4.6 智能电网通信前沿技术

1.4.6.1 意图驱动网络技术

意图驱动网络技术是指在网络具备“网络智能化重构”的基础上，通过掌握网络“全息状态”，基于人类业务意图去搭建和操作网络，人类将不必直接输入策略命令，而转为输入期望达到的“业务意图”，即“我希望网络达到某一种情形”。具体来说，是网络能够用通过编程语言理解所需完成的任务（意图），并将意图转化为网络可理解的资源分配等策略。基于意图驱动的网络可利用机器学习和人工智能技术完成资源的分配，确保部署的业务能够符合预期的服务水平。当某些方面没有达到要求时，基于意图的网络可以通知网络管控系统采用相关建议自动重新配置网络，以满足服务质量的要求。利用目前的软件定义网络和虚拟化技术，能够有效构建基于意图的架构，使其满足信息丰富且高度灵活的网络环境的业务调度需求。意图驱动的网络包含的三要素为以下所列。

（1）翻译。翻译功能是关于意图的表征。它使网络能够以陈述和灵活的方式表达意图，提出最佳的预期网络行为以支持业务目标。

（2）激活。将捕获的意图解释为策略可以在整个网络中应用。激活功能通过自动化的手段，在物理和虚拟网络基础设施上安装这些策略。

（3）保证。为了在任何时间点不断检查表达的意图，保证功能维持一个连续的验证和检验循环。根据派生的上下文信息可以用于检查操作与意图的一致性。实现优化和检查。

意图驱动技术的目的在于让网络能够依据业务和用户需求实现可控，而 SDN 等集中式控制方式，为意图驱动技术的实现提供了一种可行的技术方案。

1.4.6.2 确定性网络技术

确定性网络技术是一种可以实现设备之间实时、确定和可靠的数据传输网络技术，可以保证网络数据传输的时间确定性。例如典型电力差动保护场景下，当开关动作指令下发时，主从终端之间的通信内容涉及电气向量比对、通信传输通道路径参数核实，需要网络提供“20ms 确定性时延并且抖动不高于 600μs”。具备这样“不早不迟”确定性指标能力的网络就是确定性网络，其将使传统的“应用适配网络”转变为“应用定义网络”。满足不同行业应用对网络能力的差异化要求，端到端确定性网络需要 5G、MEC、NFV 等技术相互协同才可实现。

智能电网通信网采用确定性网络技术可以推动智能电网的自动化进程，特别是对生产控制类业务，以及严格物联网（cMTC）类型的泛在电力物联网业务提供更好的支持。比如，智能电网中 PMU 时间同步相关业务，要求网络授时信息的传递严格保持同步，确定性网络能消除数据网络上的时延不确定性，配合 5G 技术支持该类业务；视频监控业务有了确定性网络的支持，能够及时监测到故障的发生并回传影像信息，减少图像损失并实现整体通道流量优化；确定性网络还使无人机电网巡检维护成为可能，保证图像信息和无人机控制信息的实时性和可靠性，替代人工现场作业。总之，确定性网络对智能电网这类工业控制物联网应用场景具有重要的保障能力。

1.5 发展路线图

综合上述趋势和展望，对智能电网通信技术的发展路线展望如图 2-1-8 所示。

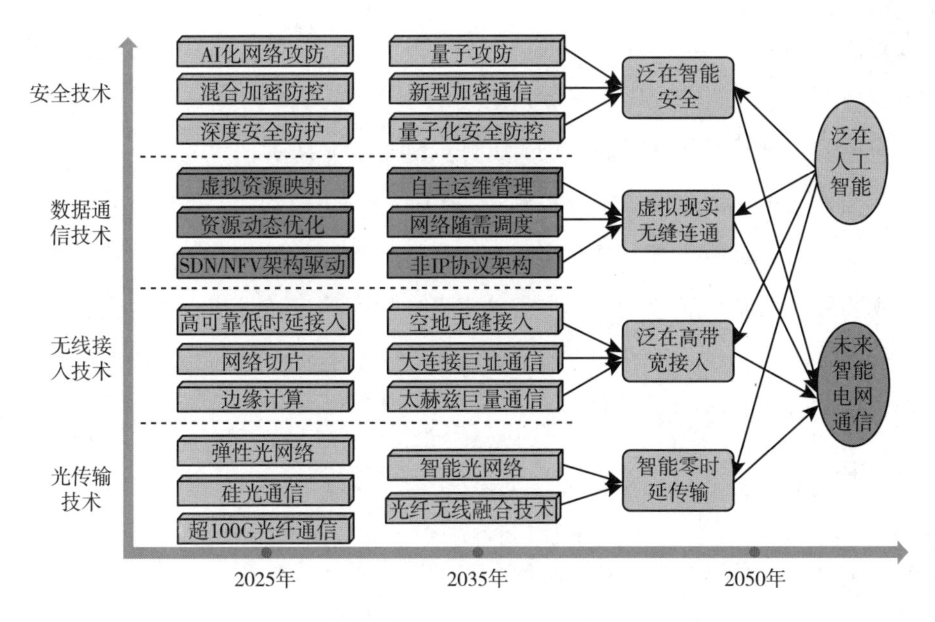

图 2-1-8 智能电网通信技术发展路线图

智能电网的通信技术，从接入到核心角度，可以分为光传输技术、无线接入技术、数据通信技术以及对应的安全技术几个方面。同时，按照 2020—2025 年，2025—2035 年，以及 2035—2050 年 3 个阶段进行展望。

1.5.1 2020—2025 年通信技术展望

预计在该阶段，为了提升光传输的容量，当前正在研制的超 100G 传输技术、硅光技术和弹性光网络技术，将会逐步得到商用。

在无线接入技术上，5G 技术将逐渐成熟，并走向全面商用，5G 技术具有 eMBB、mMTC 与 uRLLC 三大技术实现方式，分别满足超宽带（10Gbps）、大连接（100 万个 /km^2）和低时延（1ms）的需求，运用不同技术并结合网络切片技术分别解决 4G 网络无法应对的精准负荷控制、PMU、差动保护、视频监测等电力业务。

在数据通信技术上，该阶段的数据通信网将基于现有的标准化的 SDN/NFV 架构，综合 5G 的切片技术，构建数据通信网络，并实现数据网络的软件定义和网络服务功能的虚拟化。在网络架构上，通过 IP 协议和叠加其上的 SDN 和 NFV 技术，实现全局的路由控制和虚拟化功能定义；在关键技术上，通过基于人工智能的资源感知预测、虚拟资源的分层映射，以及网络的切片式资源管理，最终在应用层实现业务需求的主动感知和端到端资源的动态分配。在该架构下，能够基于感知结果和业务质量约束，实现业务切片的动态的网络服务功能的映射，并通过合适的人工智能优化模型实现高效的资源分配，实现资源利用率的最大化。

对应的，安全技术也在不断演进。首先，随着安全防护技术的不断深化，基于量子密码的身份认证、大量传统访问控制技术与其他安全技术（如密码技术、虚拟化技术、生物技术、感知技术等）相结合的新一代访问控制技术、基于深度检测的通道隔离等技术将逐步得到广泛应用。在加密技术上，混合加密技术将大大提高数据的安全性。在网络攻防上，面向反射型 DDoS 攻击技术的 AI 化防控技术也将得到普及，从而有效保障智能电网的通信安全。

1.5.2 2025—2035 年通信技术展望

到该阶段，传输技术进入智能阶段，通过智能光网络和光无线融合技术，传输网络能够提供动态灵动的主动式资源分配方案，提高传输通道的灵活性和可靠性。

在无线接入技术上，随着人工智能技术不断侵入通信网，基于 NFV 的网络虚拟化技术亦将改造现有通信网走向 IT 化，移动通信技术进入 4.0 时代，“AI+ 虚拟化 +5G” 所形成 B5G 网络将使电力通信网更加智能化。到 2030 年之后，6G 技术将逐渐普及，6G 技术相较于 5G 技术，将由多元化接入网络向全能力接入网络演化，更能满足未来新形态的智能电网的业务承载需求。此时面向 6G 的空地无缝接入技术、大连接巨址通信技术和太赫兹巨量通信技术将会成为智能电网无线接入的主要手段。

在数据通信上，随着数据通信网的不断演进和人工智能的不断升级，网络将从 SDN/NFV 技术驱动的被动式资源分配逐步转向意图驱动的主动式资源伴随响应阶段。此时网络将具备真正的自主意识，可基于通信业务的需求智能解析，并伴随完成网络功能的自主配置、优化以及故障恢复。具体的，在网络架构上需要新的 IP 协议支撑，需要人工智能驱动的高级路由协议，并部署自主服务组件；此时，通过网络认知决策推演、网络性能自主评估和网络功能柔性重组等关键技术，实现网络资源和服务功能的随需调度和自主运维，真正实现数据通信网和智能电网间的伴随服务。

在安全技术上，量子将成为安全的推动力之一。在安全防护上，新型生物身份认证技术和基于量子的访问控制将成为主流，白盒密码、代码混淆、抗泄漏密码等一系列的新型密码理论也会得到普及，对应的基于量子的攻防技术也将成为常态。

1.5.3　2035—2050 年通信技术展望

到 2035 年以后，6G 技术也将不断演进，网络将进入沉浸式虚拟阶段，此时将在泛在人工智能技术的支撑下，实现智能零时延的传输、泛在的高带宽接入、虚拟现实无缝连接和泛在智能安全，实现广域范围内多种能源生成和供给的泛在供需平衡，是未来智能电网数据网愿景。

1.6　总结

随着通信技术的阶式发展，智能电网所依赖的通信技术也将随之发生阶段性的演进。未来智能电网将作为完全分布式的能源共享和调度平台，实现多来源、广域范围内的电力稳定供需。为了支撑未来智能电网的能源交互和传递，智能电网对应的通信网也需要覆盖源网荷等各个维度，提供无处不在的泛在通信方式，提供保障电力系统稳定运行的广覆盖大连接、低时延高可靠、异构融合、高速灵活的全息通信网络。

本章对全息的智能电网通信技术进行了分阶段的展望分析，重点分析了 2020—2025 年和 2025—2035 年两个阶段的技术发展趋势。在光传输技术上，第一阶段所涉及技术为当前成熟的光传输技术及后续的演进技术，包括光纤复合光缆技术、骨干光传输技术、光接入技术等；第二阶段包括弹性光网络、智能光网络、光网络物理层新技术和光纤 - 无线融合网络技术等。在无线接入技术上，在第一阶段，重点针对适用于智能电网通信的 uRLLC 接入技术、网络切片技术和边缘计算技术进行了详细的介绍；在第二阶段，考虑了未来智能电网的海量数据监测、分析和处理的需求，从全能力与全位置接入、巨址通信、巨量通信等技术角度对无线接入进行了展望介绍。智能电网的数据通信技术方面，第一阶段重点对当前主流的 SDN/NFV 技术驱动的数据通信技术在智能电网中的发展进行了展望分析；在第二阶段，则以人工智能和意图驱动为核心，分析了自主智能的数据通信网架构，并对基于智能计算的资源柔性调度与性能评估技术进行了介绍。

预计到 2050 年，随着 6G 技术的不断演进，电力通信网络将进入沉浸式虚拟阶段，网络在泛在人工智能技术的支撑下，实现智能零时延的传输、泛在的高带宽接入、虚拟现实无缝连接和泛在智能安全。

参考文献

[1] 曹军威，万宇鑫，涂国煜，等．智能电网信息系统体系结构研究［J］．计算机学报，2013，36（1）：143-167.

[2] 刘建明，王继业，范鹏展，等．电力光纤到户在智能电网中的应用［J］．电力系统通信，2011，32（9）：1-2.

[3] 雷煜卿，李建岐，侯宝素．智能配用电通信网网架结构［J］．电力系统通信，2011，32（224）：73-78.

[4] 陆春校，徐眉，魏学志．光纤复合低压电缆前景展望与工艺结构探讨［J］．电线电缆，2011（2）：14-15.

[5] 顾畹仪，李国瑞．光纤通信系统［M］．北京：北京邮电大学出版社，2006.

[6] 康良瑞．智能电网通信技术［M］．北京：中国电力出版社，2015.

[7] 黄盛．智能配电网通信业务需求分析及技术方案［J］．电力系统通信，2010，31（6）：10-12.

[8] 陈雪．无源光网络技术［M］．北京：北京邮电大学出版社，2006.

[9] C F Lam．Passive Optical Networks：Principles and Practice［M］．San Diego：Academic Press，2007.

[10] 邬贺铨．迎接产业互联网时代化［J］．电信技术，2015（1）：1-7.

[11] 曹惠彬．国家电网公司“十二五”通信网规划综述［J］．电力系统通信，2011，32（223）：1-7.

[12] 张婷，王祖良，黄世奇．基于OFDM的高速电力线载波通信系统设计［J］．测控技术，2017，36（12）：39-42，47.

[13] E Ahmed．Enabling Mobile and Wireless Technologies for Smart Cities：Part 2［J］．IEEE Communications Magazine，2017，55（3）：12-13.

[14] Li Y，Cheng X，Cao Y，et al．Smart choice for the smart grid：Narrowband Internet of Things（NB-IoT）［J］．IEEE Internet of Things Journal，2018，5（3）：1505-1515.

[15] F Uddin．Energy-Aware Optimal Data Aggregation in Smart Grid Wireless Communication Networks［J］．IEEE Transactions on Green Communications and Networking，2017，1（3）：358-371.

[16] Samuela Persia，Luca Rea．Next generation M2M Cellular Networks：LTE-MTC and NB-IoT capacity analysis for Smart Grids applications［C］．Capri，Italy，2016.

[17] W Flerchinger，R Ferraro，C Steeprow，et al．Third-Generation Cellular and Wireless Serial Radio Communications：Field Testing for Smart Grid Applications［J］．IEEE Industry Applications Magazine，2018，24（5）：10-17.

[18] S Monhof, S Bocker, J Tiemann, et al. Cellular Network Coverage Analysis and Optimization in Challenging Smart Grid Environments [C]. Edinburgh, England, 2018.

[19] Emmanuel M, Rayudu R. Communication technologies for smart grid applications: A survey [J]. Journal of Network and Computer Applications, 2016 (74): 133–148.

[20] T Lee, Z Tsai. On the Capacity of Smart Grid Wireless Backhaul With Delay Guarantee and Packet Concatenation [J]. IEEE Systems Journal, 2017, 11 (4): 2628–2639.

[21] Zhang Y, Li J, Zheng D, et al. Privacy–preserving communication and power injection over vehicle networks and 5G smart grid slice [J]. Journal of Network and Computer Applications, 2018 (122): 50–60.

[22] 张平，陶运铮，张治. 5G若干关键技术评述 [J]. 通信学报，2016，37 (7): 15–29.

[23] A Anand, G de Veciana. Resource Allocation and HARQ Optimization for URLLC Traffic in 5G Wireless Networks [J]. IEEE Journal on Selected Areas in Communications, 2018, 36 (11): 2411–2421.

[24] H A Alameddine, S Sharafeddine, S Sebbah, et al. Dynamic Task Off loading and Scheduling for Low–Latency IoT Services in Multi–Access Edge Computing [J]. IEEE Journal on Selected Areas in Communications, 2019, 37 (3): 668–682.

[25] A A Khan, M H Rehmani, M Reisslein. Requirements, Design Challenges, and Review of Routing and MAC Protocols for CR–Based Smart Grid Systems [J]. IEEE Communications Magazine, 2017, 57 (5): 206–215.

[26] A de la Oliva, Li X, Costa–Perez X, et al. 5G–TRANSFORMER: Slicing and Orchestrating Transport Networks for Industry Verticals [J]. IEEE Communications Magazine, 2018, 55 (8): 78–84.

[27] A Kaloxylos. A Survey and an Analysis of Network Slicing in 5G Networks [J]. IEEE Communications Standards Magazine, 2018, 2 (1): 60–65.

[28] 黄晓莉，许海铭. 国家电力数据通信网络建设方案 [J]. 电力系统自动化，2003 (20): 82–87.

[29] 董朝阳，陈莹莹，罗逢吉. 未来主动配电网中的新型数据驱动应用：技术，展望与挑战 [J]. 电力建设，2017，38 (5): 2–10.

[30] 雷煜卿，李建岐，侯宝素. 面向智能电网的配用电通信网络研究 [J]. 电网技术，2011，35 (12): 14–19.

[31] 韩国政，徐丙垠. IP网络在配电自动化中的应用 [J]. 电力系统自动化，2011，35 (7): 57–60.

[32] Mckeown N , Anderson T , Balakrishnan H , et al. OpenFlow: Enabling innovation in campus networks [J]. ACM SIGCOMM Computer Communication Review, 2008, 38 (2): 69–74.

[33] 左青云，陈鸣，赵广松，等. 基于OpenFlow的SDN技术研究 [J]. 软件学报，2013 (5):

1078–1097.

[34] T Huang，F R Yu，C Zhang，et al. A Survey on Large-Scale Software Defined Networking (SDN) Testbeds：Approaches and Challenges [J]. IEEE Communications Surveys & Tutorials，2017，19 (2)：891–917.

[35] 黄韬，刘江，张晨，等. 基于SDN的网络试验床综述 [J]. 通信学报，2018，39 (6)：155–168.

[36] V Nguyen，A Brunstrom，K Grinnemo et al. SDN/NFV-Based Mobile Packet Core Network Architectures：A Survey [J]. IEEE Communications Surveys & Tutorials，2017，19 (3)：1567–1602.

[37] 张宇，胡紫巍，卢利锋，等. SDN技术在智能电网中的应用 [J]. 智能电网，2016，4 (12)：1229–1235.

[38] Hussein T Mouftah, Melike Erol-Kantarci, Mubashir Husain Rehmani. Software Defined Networking and Virtualization for Smart Grid [M]. Transportation and Power Grid in Smart Cities：Communication Networks and Services，Wiley，2019.

[39] Y Kim，K He，M Thottan, et al. Virtualized and self-configurable utility communications enabled by software-defined networks [C]. 2014 IEEE International Conference on Smart Grid Communications (SmartGridComm)，Venice，The Republic of Italy，2014.

[40] 曹毅宁，王俊华，罗青松. 基于软件定义的“IP+光”协同控制研究 [J]. 光通信技术，2018 (4)：21–24.

[41] 何欣枫，田俊峰，刘凡鸣. 可信云平台技术综述 [J]. 通信学报，2019，40 (2)：154–163.

[42] 吴志军，赵婷，雷缙. 基于改进的Diameter/EAP-MD5的SWIM认证方法 [J]. 通信学报，2014，35 (8)：1–7.

[43] Wang X，Hao P，Hanzo L. Physical-layer authentication for wireless security enhancement：current challenges and future developments [J]. IEEE Communications Magazine，2016，54 (6)：152–158.

[44] 房梁，殷丽华，郭云川，等. 基于属性的访问控制关键技术研究综述 [J]. 计算机学报，2017，40 (7)：1680–1698.

[45] 韩来权，汪晋宽，王兴伟. 基于可编程路由技术的MPLS单标签分流传输算法 [J]. 通信学报，2014，35 (5)：155–159.

[46] 冯伟，冯登国. 基于串空间的可信计算协议分析 [J]. 计算机学报，2015，38 (4)：701–716.

[47] X Li，H Ma，W Yao，et al. Data-Driven and Feedback-Enhanced Trust Computing Pattern for Large-Scale Multi-Cloud Collaborative Services [J]. IEEE Transactions on Services Computing，2018，11 (4)：671–684.

[48] 张佳乐，赵彦超，陈兵，等. 边缘计算数据安全与隐私保护研究综述 [J]. 通信学报，2018，

39（3）：1-21.

[49] 王国峰，刘川意，潘鹤中，等. 云计算模式内部威胁综述［J］. 计算机学报，2017，40（2）：296-316.

[50] K Suto，H Nishiyama，N Kato，et al. THUP：A P2P Network Robust to Churn and DoS Attack Based on Bimodal Degree Distribution［J］. IEEE Journal on Selected Areas in Communications，2013，31（9）：247-256.

[51] 王国峰，刘川意，韩培义，等. 基于访问代理的数据加密及搜索技术研究［J］. 通信学报，2018，39（7）：1-14.

[52] Q Wu，B Qin，L Zhang，et al. Contributory Broadcast Encryption with Efficient Encryption and Short Ciphertexts［J］. IEEE Transactions on Computers，2016，65（2）：466-479.

[53] 雷程，马多贺，张红旗，等. 基于网络攻击面自适应转换的移动目标防御技术［J］. 计算机学报，2018，41（5）：1109-1131.

[54] 胡浩，叶润国，张红旗，等. 基于攻击预测的网络安全态势量化方法［J］. 通信学报，2017，38（10）：122-134.

[55] K Suto，H Nishiyama，N Kato，et al. THUP：A P2P Network Robust to Churn and DoS Attack Based on Bimodal Degree Distribution［J］. IEEE Journal on Selected Areas in Communications，2013，31（9）：247-256.

[56] Z Liu，H Jin，Y Hu，et al. Practical Proactive DDoS-Attack Mitigation via Endpoint-Driven In-Network Traffic Control［J］. IEEE/ACM Transactions on Networking，2018，26（4）：1948-1961.

[57] 李立勋，张斌，董书琴，等. 基于脆弱性变换的网络动态防御有效性分析方法［J］. 电子学报，2018，46（12）：3014-3020.

[58] 石乐义，李阳，马猛飞. 蜜罐技术研究新进展［J］. 电子与信息学报，2019，41（2）：498-508.

[59] United States Department of Energy Office. "GRID 2030" A National Vision for Electricity's Second 100 Years［R］. Washington，DC，United States Department of Energy Office，2003.

[60] 韦乐平. 电信网技术发展的趋势和挑战化［J］. 现代电信科技，2011（Z1）：1-7.

[61] V C Gungor，Dilan Sahin，Taskin Kocak，et al. Smart Grid Technologies：Communication Technologies and Standards［J］. IEEE Trans. Industrial Informatics，2011，7（4）：529-539.

[62] C H Hauser，D E Bakken，A Bose. A Failure to Communicate：Next Generation Communication Requirements，Technologies，and Architecture for the Electric Power Grid［J］. IEEE Power and Energy Mag.，2005，3（2）：47-55.

[63] 袁春，钟玉琢，贺玉文. 基于混沌的视频流选择加密算法［J］. 计算机学报，2004（2）：257-263.

2 智能电网大数据技术

2.1 引言

早在1980年，著名未来学家托夫勒在其所著的《第三次浪潮》中就曾热情地将大数据称颂为“第三次浪潮的华彩乐章”。在20世纪末，一些文献曾经从学术和非学术两个角度提到过“大数据”，但是并没有揭示其中的深层次特征及现象。事实上，“大数据（Big data）”这个名词近年来才受到人们的高度关注，正是在物联网、网络社区、云计算等得到广泛应用和发展之后，大数据才开始显露其真正的“大价值”。

2008年*Nature*出版专刊*Big Data*，从互联网技术、网络经济学、超级计算、环境科学、生物医药等多个方面介绍了海量数据带来的挑战[1]。2011年*Science*推出关于数据处理的专刊*Dealing with data*，讨论了数据洪流（Data Deluge）所带来的挑战，并特别指出：倘若能够更有效地组织和使用这些数据，人们将得到更多的机会发挥科学技术对社会发展的巨大推动作用[2]。2012年3月，美国政府宣布投资2亿美元启动“大数据研究和发展计划”，美国政府认为大数据是“未来的新石油”，并将对大数据的研究上升为国家意志，引起了国内外科技界的高度关注。

大数据最初被提出时是指无法在一定时间范围内用常规软件工具进行捕捉、管理和处理的数据集合，通常认为大数据具有“3V”特征，也有专家认为具有“5V”特征。“3V”是指Volume、Velocity和Variety，另外两个“V”是Veracity和Value。Volume是指数据规模大；Velocity是指数据量增长快，也指需要快速设置实时性数据处理分析方法；Variety是指数据多源异构，不仅来自不同的数据源，且数据类型、格式均有不同；Veracity指数据的可信性；Value是指数据包含的业务价值。由于并不是每个应用面对的数据都完全具有“3V”特征，所以需要解决问题的重点有所不同，有时重点解决速度、实时性要求，有时需要解决非结构化数据问题[3, 4]。目前，大数据不仅指上述的数据集，还指大数据技术（Big data technologies）和大数据分析（Big data analytics）。

智能电网被认为是大数据应用的重要领域之一。随着电力信息化的推进，智能变电站、智能电表、在线监测系统、现场移动检修系统、测控一体化系统以及一大批服务于各个专业的信息管理系统的逐步建成与应用，电网企业拥有的数据规模和种类快速增长。数据作为一种资产，蕴含着巨大价值。应用大数据技术，可提高风、光等新能源发电预测、负荷预测的准确性，准确评估用户参与需求响应的潜力和有效激励措施，提高电网接纳新能源的能力；应用大数据技术，可识别影响大电网安全稳定性和配电网供电可靠性的薄弱环节；应用大数据技术，可了解用户用电特性，提供更好的节能服务；应用大数据技术，可对庞大的电网资产进行健康评估，尽早发现缺陷，实施预防性检修，提高电网安全性和经济性。总之，大数据技术可为智能电网的每个技术领域提供新的技术解决方案，是推动电网智能化最重要的使能技术。

此外，大数据还是驱动电网企业转型、创新发展的重要力量。在新能源迅速发展、电力改革不断深化、互联网等新技术发展的内外部因素影响下，电网企业和电网自身都在发生着深刻的变革，例如，我国国家电网公司定位为能源互联网企业，在提供安全、可靠、高质量电力的同时，还为社会提供综合能源服务。能源互联网更具开放性，天气、用户用能喜好、政策机制都对其发展和运营产生显著影响。借助大数据技术，可对能源互联网实时运行数据和历史数据进行深层挖掘分析，帮助各方更透彻地了解上下游的行为和变化，掌握能源互联网的发展和运行规律，优化结构，实现对能源互联网运行状态的全局掌控，提高能源互联网的安全性和可靠性。能源服务不仅包括建设能源互联网、综合能源系统，还包括售电服务、节能服务、设备运营托管等，这些服务都离不开大数据的支撑。基于大数据分析，可以充分了解服务对象的社会心理，在参与者社会心理分析中，充分考虑地域、气候、收入、受教育程度、居住环境等各种影响因素；可分析不同政策机制对各类用户产生的心理和行为影响，为政府制定政策，为引导各方参与、形成合理的能源互联网商业模式提供参考依据[5, 6]。

2.2 智能电网大数据关键技术

2.2.1 智能电网大数据技术体系

智能电网大数据技术架构描述了面向智能电网应用场景、结合智能电网数据特点、应用大数据关键支撑技术，形成的智能电网大数据技术体系，如图 2-2-1 所示[7]。

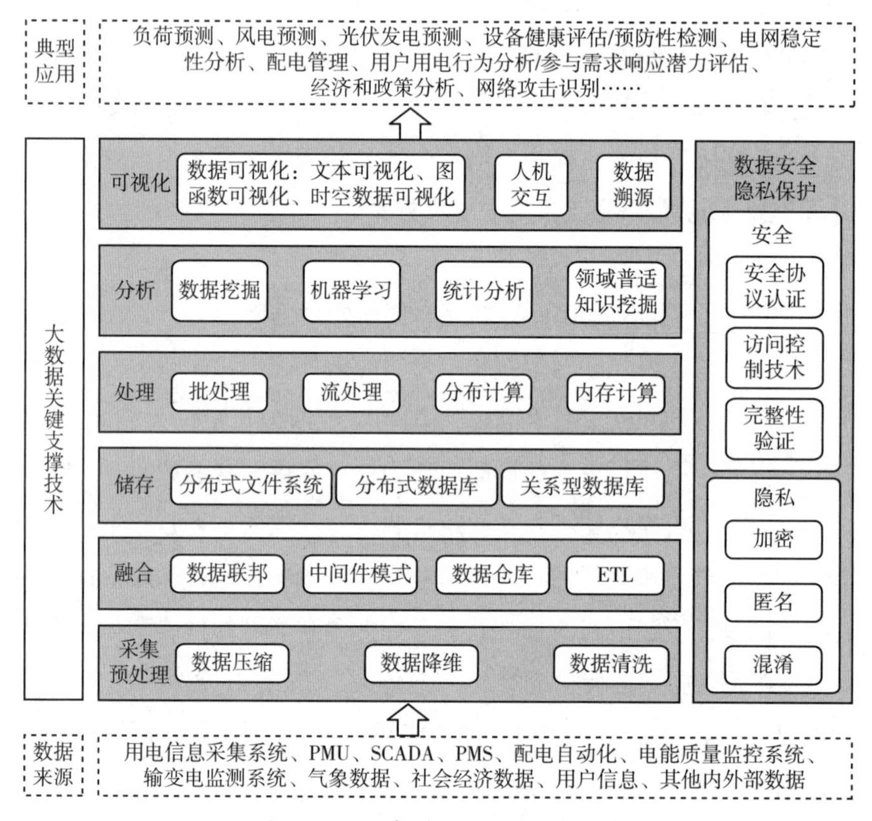

图 2-2-1 智能电网大数据技术架构

2.2.2 智能电网大数据的构成和特点

一方面，随着智能电网的建设，电力系统部署了众多的监测和控制系统，数据的规模和种类快速增长；另一方面，随着新能源、电动汽车、分布式能源的并网以及市场化改革的深入，外部因素如天气、气候、用户特点和用能偏好、市场机制等，都对智能电网产生不可忽视的影响，反映这些外部影响因素的数据和智能电网的内部数据的总和，构成智能电网大数据。

电网内部数据源包括来自广域量测系统、数据采集与监控系统、用电信息采集系统、生产管理系统、能量管理系统（EMS）、配电管理系统、电力设备在线监测系统、客户服务系统、财务管理系统的数据；电网外部数据包括来自气象信息系统、地理信息系统、互联网、公共服务部门的数据、经济运行发展数据、用电需求数据等。

目前，智能电网大数据应用主要围绕三个数据源开展：一是PMU/WAMS数据，二是用户用电信息数据，三是气象数据。以PMU/WAMS数据为核心，融合气象数据、仿真数据、SCADA数据等构成的数据为数据驱动的大电网安全稳定分析提供了数据基础；以用户用电信息数据为核心，融合停电管理系统、气象数据、用户特性数据、生产管理系统等构成的数据，为智能配用电应用奠定了数据基础。由于新能源发电、负荷特性以及设备运行状态都与天气密切相关，所以，气象数据也是智能电网大数据应用中重要的数据源，以气象数据为核心，与反映设备和系统的运行状况，风、光发电、用户用电的历史数据相结合，可以更加准确对发电、负荷，设备健康状况、系统运行状态进行准确预测。

大数据分析结果需要通过可视化技术直观展示出来才能给规划、运行人员提供有效的决策支持，所以，智能电网大数据分析中往往都会将地理信息系统或其他地图数据进行集成，并将分析结果直观展示在地图上。

智能电网大数据具有数据量大、异构、结构复杂的特点，一些时候还有快速甚至实时性要求。另外，智能电网大数据具有时空属性，在进行融合时必须考虑时空对应性；智能电网大数据具有复杂的普遍关联性，通常不满足独立同分布特性。

2.2.3 智能电网大数据的主要应用场景

智能电网大数据应用几乎覆盖电力系统的所有领域，除此之外，还为电力企业服务社会，提升用户服务质量提供了技术手段。智能电网大数据的应用场景概括讲，主要适合于不能用机理模型建模分析的场景，如用户侧灵活性估计、风电和负荷预测、电动汽车运行轨迹等；对于那些可以机理建模分析的场景，由于在建模过程中存在不甚合理的假设和过度的简化导致了分析结果和实际情况的误差，或机理分析只能看到某个片段或某个时刻的结果，难以得到时空关联特性，也是大数据分析有效的应用场景，如大电网安全稳定分析和控制策略选择。

智能电网从服务对象上分为服务电网自身、服务社会、服务用户。典型的应用场景如表 2–2–1 所示。

表 2–2–1 智能电网大数据应用场景

服务对象	场景描述	主要数据源
社会（地方政府、其他行业）	各行业经济发展状况分析、城市发展建设辅助决策、新能源 / 节能政策有效性分析、电动汽车充电设施规划建设	用户用电数据、城市发展数据、社会经济数据
用户	引导用户节能或参与需求响应、为用户提供定制服务	用户用电数据、用户特性数据、天气数据
电网（发电系统）	风电、光伏发电预测（重点是短期预测、风电出力骤降预测）	数值天气预报数据和发电历史数据
	低效率光伏板识别	发电数据
电网（发输电系统）	大电网静态稳定、暂态稳定、电压稳定分析，大电网控制策略决策，大电网薄弱环节识别，大电网运行方式自动形成	PMU/WAMS 数据、SCADA 数据、大电网仿真数据
	大电网假数据侵入识别、大电网网络顺序攻击识别	PMU/WAMS 数据、SCADA 数据、大电网仿真数据
	灵活性预测和管理，包括储能监控和管理、V2G、电价预测	天气预报数据、用户用电数据、SCADA 数据、电动汽车运行数据、储能监控数据
电网（配用电系统）	停电管理、负荷短期预测、负荷精细化预测、配电网运行管理、用户需求响应潜力分析和需求响应策略、分布式能源发电预测和管理、电动汽车管理、低电压管理、断线识别、线损分析	用户用电数据、天气预报数据、网络拓扑数据、配电自动化数据、用户特性数据、电能质量监测系统
资产管理	风机、光伏系统异常检测；变压器、线路等设备的健康评估、异常检测，支持预测性检修；电表异常检测	无人机巡检数据、机器人巡检数据、输变电监控系统数据
运营管理	财务管理、人力资源管理、招投标管理、科技项目立项管理	ERP 数据、科技项目管理数据

2.2.4 智能电网大数据关键支撑技术

智能电网大数据关键支撑技术包括数据采集和预处理、数据融合、数据存储、数据处理、数据分析、数据可视化、数据隐私保护和数据安全等方面的技术。

2.2.4.1　数据采集和预处理

智能电网大数据既包括历史数据，也包括实时数据，有时还需要为研究而生成数据，如生成需要的场景。智能电网的数据传输需要考虑通信信息系统的性能。以智能电表数据为例，需考虑数据采集器到集中器、数据集中器到数据中心的通信信道；而在考虑应用时，还将对数据的采集方式（时间驱动、事件驱动）以及采集密度提出要求。再以天气预报数据为例，为准确预测某个光伏电站或风机的功率，需将地理上稀疏的天气预报数据降尺度为密集的本地化数据。为了减轻通信系统的压力，需采用数据压缩方法。数据压缩方法很多，与数据类型和应用场景的需求有关，从大类上可分为无损压缩和有损压缩。有损压缩方法允许损失一定的信息，虽然不能完全恢复原始数据，但要求所损失的部分对数据应用效果不产生不可容忍的影响。专家认为，电力系统大数据的压缩技术远不如图像、文字、视频的压缩技术成熟。而且，智能电网大数据的压缩没有普适性，需要针对具体数据和具体应用开展针对性研究。在智能电网大数据研究中，奇异值分解压缩法、匹配追踪分解方法、高斯原子词典等均被用于数据压缩。

获取的数据难免存在缺失、不一致、噪声、错误、冗余等问题，为此，需要对数据进行降维和清洗。数据降维方法分为线性降维和非线性降维。线性降维方法有主成分分析法（Principal Component Analysis，PCA）、线性判别分析（Linear Discriminant Analysis，LDA）等；非线性降维分为核方法、二维化和张量化、流形学习 3 类，其中流形学习又包含等距映射（ISOMap）、局部线性嵌入（Locally Linear Embedding，LLE）、局部保留投影（Locality Preserving Projections，LPP）等方法。目前的智能电网大数据研究工作中，常用到主成分分析方法、基于张量的数据降维法。

智能电网大数据来源于各个监测、计量系统，一方面，由于系统本身的缺陷导致数据存在缺失、错误等问题；另一方面，需要考虑恶意攻击导致的假数据。数据的质量有时会影响数据价值的体现，识别假数据、提高数据质量是大数据分析中重要的一环。数据清理从数据的准确性、完整性、一致性、唯一性、适时性、有效性几个方面，利用有关技术如数理统计、数据挖掘或预定义的清理规则，处理数据的丢失值、越界值、不一致代码、重复数据等问题，将“脏数据”转换为满足数据分析质量要求的数据。复杂事件处理（Complex Event Processing, CEP）方法、深度神经网络、支持向量机、朴素贝叶斯算法、决策树和随机森林等机器学习方法都被应用到智能电网大数据的数据清洗、假数据识别中。

2.2.4.2 数据融合

智能电网大数据的应用场景众多，而且存在信息孤岛问题，在大数据应用研究中首先面临的问题就是数据集成的问题。鉴于数据融合往往能产生“1+1 > 2”的价值，数据融合在大数据体系中占据非常重要的位置。但由于不同的系统通常是独立开发的，不同源数据存在数据模型不统一、时空不一致等原因，数据的融合变得非常困难，成为大数据应用开发中花费时间最多的一个环节。

数据融合方式是多样的，由于应用业务的特点不同，在数据融合时需要结合具体业务制定数据融合方案。目前通常采用的数据融合方式包括数据联邦、基于中间件模型和数据仓库等。

数据联邦提供了一种从数据使用者（应用）角度看的数据集成视图，数据逻辑看上去存在一个位置，但实际的物理位置却分布在多个数据源中。该方式适用于对数据安全性要求较高、实时数据访问和数据变化频率较大的情况，但会增加数据源服务器的负载，当数据结果集较大时性能会降低，同时对于数据可用性要求较高的应用，由于依赖于多个数据源，数据联邦会存在一定的局限性。

中间件方法通过统一的全局数据模型来访问异构的各类数据源。中间件位于异构数据源系统和上层应用之间，它向下协调各数据源系统，向上为访问集成数据的应用提供统一数据模式和数据访问的通用接口。这种方式的关键问题是如何构造这个逻辑视图并使不同数据源之间能映射到这个中间层。就智能电网大数据而言，主要是基于国际电工委员会提出的公共信息模型（IEC CIM）、变电端配置描述语言（Substation Configuration description Language，SCL）、国家电网公司提出的公共信息模型（SG CIM）、数值天气预报（Numerical Weather Prediction, NWP）数据模型等多项国内外行业标准，建立中间件智能电网统一数据模型（Smart Grid Data Model, SGDM），该模型可作为数据整合蓝图，绘制来自割裂分离的系统源数据之间的关系，为用户提供更加便捷准确的访问路线。

数据仓库在另一个层面上表达数据之间的共享，它主要是为了针对企业某个应用领域提出的一种数据集成方法。当集成的系统很大时，对实际开发将带来巨大的困难。在用数据仓库做数据集成时，主要通过 ETL 来实现。ETL 指抽取（Extract）、转换（Transform）、加载（Load）。数据抽取是从初始数据源系统抽取目标数据源系统需要的数据；数据转换是将初始数据源获取的数据按照业务需求，转换成目标数据源要求的形式，并对错误、不一致的数据进行清洗和加工。数据加载将转换后的数据装载到目标数据源。

目前，以AMI数据为核心的营配调数据融合以及以PMU为核心的大电网调控数据融合是研究重点。

2.2.4.3　数据存储

智能电网数据量巨大，放在单一机器上集中存储、集中处理，往往是不可能的，以分布式存储为基础，采用内存计算、分布计算，并将云计算和雾计算结构相结合，都是必要的技术措施。有研究者针对智能家居，提出了可扩展的基于云的架构和原型系统[4]。另有研究者，针对电表数据，采用雾计算架构，将传感、数据存储、数据处理设备和分布式控制系统纳入单个电表中[5]。

大数据存储和管理发展过程中出现了如下几类大数据存储方式：分布式系统、NoSQL数据库（泛指非关系型数据库，Not only SQL）、云数据库、NewSQL数据库（是各种新的可扩展/高性能数据库的简称）。

分布式系统包含多个自主的处理单元，通过计算机网络互连来协作完成分配的任务，其分而治之的策略能够更好地适应大规模数据的存储和处理。目前最为典型的应用场景就是通过扩展和封装Hadoop来实现对互联网大数据存储、分析的支撑。

鉴于关系型数据库无法满足海量数据的管理需求、数据高并发的需求、高可扩展性和高可用性要求，NoSQL被更多采用。其优势在于：可以支持超大规模数据存储，灵活的数据模型可以很好地支持Web 2.0应用，具有强大的横向扩展能力等。典型的NoSQL数据库包含以下几种：键值数据库、列族数据库、文档数据库和图形数据库。

云数据库是基于云计算技术发展起来的一种共享基础架构的方法，是部署和虚拟化在云计算环境中的数据库。云数据库并非一种全新的数据库技术，而只是以服务的方式提供数据库功能。

NewSQL数据库采用了不同的设计，它取消了耗费资源的缓冲池，摒弃了单线程服务的锁机制，通过使用冗余机器来实现复制和故障恢复，取代原有的昂贵的恢复操作。NewSQL主要包括两类系统：①拥有关系型数据库产品和服务，并将关系模型的优势带到分布式架构上；②提高关系数据库的性能，使之达到不用考虑水平扩展问题的程度。

为支持智能电网大数据的实时分析，有研究者提出采用KVBTree存储结构，支持中间形成的数据的快速查询、插入和遍历数据，可以自动聚合中间结果[6]。

2.2.4.4 数据处理

智能电网大数据数据处理的问题复杂多样，一种计算处理模式难以满足所有的大数据需求。大数据的应用类型很多，从数据存储与处理相互关系的角度来看，主要的大数据处理模式可以分为流处理、批处理，二者可以结合使用。批处理是先存储后处理，而流处理是直接处理。根据大数据的数据特征和计算需求，数据处理方法还包括内存计算、图计算、迭代计算等。

批处理非常适合需要访问全套记录才能完成的计算工作。无论直接从持久存储设备处理数据集，或首先将数据集载入内存，批处理系统在设计过程中就充分考虑了数据的量，可提供充足的处理资源。由于批处理在应对大量持久数据方面的表现极为出色，因此经常被用于对历史数据进行分析。Apache Hadoop 是一种专用于批处理的处理框架。Hadoop 是首个在开源社区获得极大关注的大数据框架，让大规模批处理技术变得更易用。Hadoop 的处理功能来自 MapReduce 引擎，可与 HDFS 或 YARN 资源管理器配合，实现数据批处理。

流处理很适合用来处理必须对变动或峰值做出响应，并且关注一段时间内变化趋势的数据。Apache Storm 是一种侧重于极低延迟的流处理框架，也许是要求近实时处理的工作负载的最佳选择。在互操作性方面，Storm 可与 Hadoop 的 YARN 资源管理器进行集成，因此可以很方便地融入现有 Hadoop 部署。除了支持大部分处理框架，Storm 还可支持多种语言，为用户的拓扑定义提供了更多选择。Apache Samza 是一种与 Apache Kafka 消息系统紧密绑定的流处理框架，Samza 可使用 YARN 作为资源管理器。Samza 提供的高级抽象使其在很多方面比 Storm 等系统提供的基元（Primitive）更易于配合使用。但目前 Samza 只支持 JVM 语言，这意味着它在语言支持方面不如 Storm 灵活。

一些处理框架可同时进行批处理和流处理工作负载，当前主要是由 Spark 和 Flink 实现。Apache Spark 是一种包含流处理能力的下一代批处理框架。与 Hadoop 的 MapReduce 引擎基于各种相同原则开发而来的 Spark，主要侧重于通过完善的内存计算和处理优化机制加快批处理工作负载的运行速度；Spark 可作为独立集群部署（需要相应存储层的配合），或可与 Hadoop 集成并取代 MapReduce 引擎。流处理能力是由 Spark Streaming 实现，Spark Streaming 会以亚秒级增量对流进行缓冲，随后这些缓冲会作为小规模的固定数据集进行批处理。这种方式的实际效果非常好，但相比真正的流处理框架在性能方面依然存在不足。Flink 能很好地与其他组件配合使用。如果配合 Hadoop 堆栈使用，该技术可以很好地融入整个环境，在任何时候都只占用必要的资源。该技术可轻松地与 YARN、HDFS 和 Kafka 集成。在兼容包的帮助下，Flink 还可以运行为其他处理框架，例如 Hadoop 和 Storm 编写的任务。

智能电网大数据应用根据业务特点和对处理时间的要求，来选择数据处理的方式，针对电网运行监控、电网安全在线分析等业务，由于数据实时性要求高、需要做出迅速响应，可以采用流处理、内存计算；而对于用户用电行为分析等业务，实时性和响应时间要求低，可以采用批处理方式。

2.2.4.5 数据分析

数据分析是大数据处理的核心，大数据的价值产生于数据分析。由于大数据的海量、复杂多样、变化快等特性，大数据环境下的传统小数据的数据分析算法很多已不再适用，需要采用新的数据分析方法或对现有数据分析方法进行改进。数据分析的常用方法包括：统计分析、数据挖掘、机器学习、人工智能[8~10]。

统计分析基于统计理论，是应用数学的一个分支。在统计理论里，以概率论建立随机性和不确定性的数据模型。统计分析可以为大型数据集提供两种服务：描述和推断。描述性的统计分析可以概括或描写数据的集合，而推断性统计分析可以用来绘制推论过程。更复杂的多元统计分析技术有：多重回归分析（简称回归分析）、判别分析、聚类分析、主元分析、对应分析、因子分析、典型相关分析、多元方差分析等。大数据不仅表现在数据量大，更表现为维数高，大维统计理论中的随机矩阵理论，在智能电网大数据分析中表现出很强的能力。

数据挖掘主要有分类、回归分析、关联分析、聚类分析、异常检测和汇总等。2006 年，电气和电子工程师协会国际数据挖掘会议（IEEE International Conference on Data Mining，IEEE ICDM）评选出 10 个最具影响力的数据挖掘算法[8]，包括：分类决策树算法（C4.5）、K 均值（K-Means）聚类算法、支持向量机（Support Vector Machine，SVM）、布尔关联规则频繁项集算法（Apriori）、最大期望值算法（Expectation Maximization，EM）、网页排名算法（PageRank）、提升算法（Adaboost）、k 近邻算法（k Nearest Neighbors，KNN）、朴素贝叶斯算法（Naïve Bayes，NB）和分类回归树算法（Classification and Regression Tree，CART）。

机器学习大体上可分为监督学习、无监督学习和强化学习。监督学习中属于分类的学习方法主要有：k 近邻、决策树、贝叶斯分类器、集成学习、隐马尔科夫模型；回归类算法包括神经网络、高斯过程回归。无监督学习中属于聚类的算法有自组织映射、层级聚类、聚类分析；属于规则学习的有关联规则学习。强化学习强调如何基于环境行动，以取得最大化的预期利益，其灵感来源于心理学中的行为主义理论，即有机体如何在环境的奖励或惩罚刺激下，逐步形成对刺激的预期，产生能最大化利益的习惯性行为，强化学习中有多种不同的方法，最常用的是 Q 学习方法（Q-learning）和梯度策略方法（Policy Gradients）。

为了从大数据中获得更准确、更深层次的知识，需要提升对数据的理解、推理、发现和决策能力。交互式可视化分析、深度学习、深度强化学习等新的数据分析方法也正在成为大数据的分析方法。

近年来开展的智能电网大数据研究中，k 均值应用最为广泛，可单独使用，用于识别相位、识别故障类型，更多地和其他方法结合，进行负荷特性聚类，为更深度的分析奠定基础。支持向量机、朴素贝叶斯算法、分类决策树算法、神经网络等也被广泛应用到系统稳定性分析、设备状态评估中。随着智能电网数据规模的增大，人工智能方法如深度学习、深度强化学习等也被应用到智能电网数据分析中。

在智能电网大数据应用研发中，需结合数据情况和应用需求，选择合适的数据分析方法。很多情况下，通用的算法并不可直接应用，需根据具体情况做改进。另外，对大数据应用而言，某一种数据分析方法并不能完全胜任，需要将聚类、关联以及其他方法结合起来使用。

2.2.4.6 数据可视化

数据可视化是利用图形图像处理、计算机视觉及用户界面，对数据加以可视化解释的高级技术方法。其目的是围绕一个主题，在保证信息传递准确、高效的前提下，以新颖美观的方式，将复杂高维的数据投射到低维度的画面上。根据技术原理，数据可视化方法可以划分为基于几何的技术、面向像素的技术、基于图标的技术、基于层次的技术、基于图像的技术以及分布式技术；参照数据的不同类型，数据可视化技术可以分为：文本可视化、网络（图）可视化、时空数据可视化、多维数据可视化等。

大数据时代，数据往往是海量、高维、复杂关联的，传统的可视化方法无法满足大数据可视化的实时性和人机交互高频性要求。大数据可视化可以通过有效融合计算机的大规模计算能力和人的认知能力，基于人机交互实时计算和可视化展示数据，获得大规模复杂数据集隐含的信息。

可视化是智能电网大数据分析中不可或缺的重要一环，一方面，可视化可用于分析智能电网中隐含的负载时空关联特性；另一方面，可视化也是分析结果的最终直观展示。例如：加州大学洛杉矶分校（University of California Los Angeles，UCLA）的学者基于电力数据、土地使用数据以及人口统计等数据，利用数据可视化等分析技术发布了一张洛杉矶市块区层级的交互式用电量地图，非常直观地展示出不同建筑在不同季节的能耗，使得能源效率、能源投资以及公共政策的决策等变得更为透明[9]。电网拓扑图、GIS和Echart等地图是智能电网大数据可视化中应用最多的软件系统，停电管理、负荷预测、发电预测、设备管理、安全稳定分析等，最终均需要展示在地理图或拓扑图上。

2.2.4.7　数据安全和隐私保护

认证和访问控制是大数据环境下行之有效的数据安全保障方法。智能电网大数据主要从安全认证、访问控制、完整性验证和物理隔离等方面实现数据安全与保护。

对智能电网而言，隐私保护的重点在于保护电力用户侧个人隐私。随着智能电表的大规模部署，个人隐私泄露等问题受到了高度关注。隐私保护技术主要包括基于数据失真的技术、基于数据加密的技术和基于限制发布的技术。基于数据失真的技术通过添加噪声等方法，使敏感数据失真但可以保持某些统计方面的性质。基于数据加密的技术是指采用加密技术在数据挖掘过程中隐藏敏感数据的方法，包括安全多方计算和分布式匿名化。基于限制发布的技术是指有选择地发布原始数据、不发布或者发布精度低级的敏感数据。

2.3　国内外发展现状

2.3.1　美国

2012年，美国政府宣布启动“大数据研究与开发计划”。2013年，EPRI启动了两项大数据研究项目是具有代表性的智能电网大数据项目，分别针对配电网和输电网，项目名称为配电网现代化示范项目（Distribution Modernization Demonstration，DMD）和输电网现代化示范项目（Transmission Modernization Demonstration，TMD），项目执行期为5年[11，12]。

DMD研究如何利用来自内部和外部的数据，提高配电网的运行、管理和规划水平。其中，内部数据来自高级量测体系、安装于配电网和配电变压器的传感器和智能电力监测装置、资产监控系统、电压无功管理系统、地理信息系统、配电管理系统；

外部数据包括 GIS 位置数据、飞机巡检数据、卫星数据、天气数据、雷电数据、来自现场员工的信息、来自可再生能源（储能、电动汽车和用户系统）的数据、来自第三方的数据。主要应用包括：①停电管理、设备损害评估、供电恢复；②配电网规划、负荷预测和用户模型；③电压 / 无功控制、配电效率评估；④故障定位、故障原因识别、故障隔离、系统恢复；⑤可再生能源并网、资产管理和设备诊断；⑥ GIS 系统管理和精确性改善；⑦用户接入、用户支持、用户沟通。

DMD 项目的一个研究内容是如何采用更加有效的供电可靠性指标，对系统的运行检修给予指导。传统上供电可靠性指标主要用系统平均停电频率指标（SAIFI）或系统平均停电时间指标（SAIDI），在北美，监管机构会根据这两项指标对电力公司进行考核。有些电力公司也会统计电压跌落以及谐波含量等电能质量指标，但这些指标只在内部使用。这两个指标虽然是针对每个用户，每个时间单元统计而来，可以反映出配电网存在的薄弱环节，但作为最终的统计指标，却反映不出局部位置和局部时间的运行情况。而且这些指标并不具备预测性，无法引导维修人员找到可能发生事故的地方。而在大数据时代，可有效处理此类问题。DMD 项目提出了一些新的评估指标，这些指标基于大量的数据，且计算简单，可更有效地指导运行。

（1）用户停电负荷（Customer Load Interrupted，CLI）。这一指标计算每一个负荷损失情况，包括当电压出现跌落时，可能失去的一些负荷，如石油化工类负荷，而这一部分停电负荷却不会计算在 SAIFI 内。

（2）动态 SAIFI 和 SAIDI。和传统的 SAIFI、SAIDI 每年统计一次不同，动态指标一天统计一次，甚至可以利用 AMI 数据每小时统计一次。

（3）动态遭受多次停电的用户（Customers Experiencing Multiple Interruptions，CEMI）。这一指标也是由 AMI 指标求得。

TMD 将利用输电和变电系统的新的测量技术和大数据技术，提高大电网的规划运行水平。主要技术领域包括：①设备损害评估和系统恢复；②运行安全评估和可靠性改善；③资产管理和状态监测；④输电系统规划、负荷预测和需求响应建模；⑤可再生能源并网，储能、需求响应和其他灵活源（Flexible Source）的应用；⑥动态保护系统和动态定容；⑦地理信息系统应用。

如何应用 PMU 数据，提高对电网的规划运行和检修水平是项目的一个重点。该项目将首先对美国在 PMU 数据利用方面开展的研究工作进行总结分析，进一步确定在大数据时代应加强的研究内容。

美国一些著名的IT企业，如IBM、惠普公司，利用自己的技术优势，积极寻求与电力公司的合作，开展电力大数据应用研究。IBM开发了一系列产品提供给电力公司，包括时间序列数据、流数据分析、数据安全、数据仓库存档、数据挖掘和数据上报等分析工具，并针对如下场景开发应用：①管理智能电表数据；②监控配电网；③机组优化组合；④优化能源市场交易；⑤负荷预测[13]。惠普公司依托大数据软件、Autonomy资产管理软件和Vertica分析数据库、第三方数据分析软件、SAP HANA和微软SharePoint/BI平台提供咨询服务。惠普提供的解决方案使电力公司可以主动管理与数据有关的业务风险，提高服务用户的水平，优化业务性能包括提高可靠性、降低运行成本和保护收入。随着大数据的兴起，产生了一些新兴的高科技企业，通过开发产品并与电力公司积极合作，积极推动电力大数据中的应用。美国奥能公司（Opower，后被Oracle收购）与电力公司合作，在获取用电数据后，应用其所开发的用户数据平台，在融合多种数据基础上，综合应用行为科学、云数据平台、大数据分析技术，通过对用户用电数据进行分析，为电力公司和用户提供技术咨询，为用户提供更有针对性的节能服务、帮助售电公司建立更稳定的客户关系并实施需求响应[14]。Opower节能技术方案是在行为科学和大数据技术结合基础上形成的。传统的节能降耗方案，重点放在了省钱和道德说教的层面，没有掌握行为科学的奥妙——告诉人们其邻居的电费账单远要低于他的账单，将更能有效刺激人们采取行动，因为人们会在潜意识里说服自己，“如果我的邻居能够做到，那么我也能做到”。正是基于这一逻辑，Opower才设计出其一目了然而又促人行动的账单形式。根据OPower的历史数据统计，接受其服务后，在能效项目中平均每个家庭能够节省1.5%~2.5%的能源；在需求响应项目中，通过提前一天通知负荷高峰并给出需求响应建议，平均每个家庭能够在负荷高峰日降低5%左右的负荷。美国C3-Energy公司历时五年、投入1.3亿美元开发的实时大数据分析系统，每小时可以处理50亿条数据记录[15]。C3-Energy开发的应用分为面向用户的应用和面向电网的应用两类。C3-Energy与太平洋燃气电力公司（PG&E）合作，在电压优化、资产管理、故障检测、停电恢复、太阳能电池和储能电池的并网、用户侧需求分析、负荷预测、收入保护、用户分类、防窃电等智能电网技术领域研发了大数据处理和分析系统。其中一个应用是通过数据分析了解用户的消费模式，借此电力公司可以帮助用户减少电费支出；另一个应用是停电恢复。以前，PG&E依靠用户电话来评估停电的范围，现在停电告知和恢复供电的进展情况可以通过智能电表跟踪，并进行远程修复；过去，电力公司发现某个电表停止读数，将不得不派出修理车，现在可通过网络发送一个固件远程恢复供电。萨克拉门托市电力公司采用了 AutoGrid Systems 提供的需求响应优化和管理系统（DROMS）解决方案，使需求响应系统的成本降低了 90%，而需求响应获得的效益却增加了 30%。美国 Cloudera 公司设计并实施了基于 Hadoop 云计算平台的田纳西河流域管理局（Tennessee Valley Authority，TVA）的智能电网项目，对数百个 TB 的 PMU 数据进行管理，凸显了 Hadoop 平台高可靠性以及价格低廉方面的优势[16]。

2.3.2 欧洲

欧洲的研究机构和电力公司尝试将大数据研究成果应用到工程实际中。德国西门子公司与数据分析公司天睿进行了“大数据营销”项目合作，将电力企业设定为目标客户，提供从智能电表到电网运行系统的设备制造与数据分析服务。法国电力公司（Electricite De Franceg, EDF）利用电表数据进行非侵入式负荷分解，根据负荷的使用时间、负荷量、持续使用时间的稳态特征，启动过程的瞬时特征等，分析用户负荷构成；借助大数据技术，利用天气预报信息对电网作风险评估；建立模型分析电网运行对周边环境影响；嵌入电网智能控制的算法评估电网状态，评估输电线路、变压器和配网设备的资产生命周期。意大利电力公司（Ente Nazionale Per I’Energia eLettrica, ENEL）近些年从发、输、变、配、用电整个产业链开展了多个大数据试点项目，通过分析发电厂、互联网、消费者多方面的数据，提高服务水平。其中，在发电环节，ENEL 与高校和 IT 公司建立合作，通过分析风电场传感器采集的数据，实现对风力发电系统的预测；在配电环节，应用电力大数据进行用电行为异常、窃电行为分析；在电力用户服务环节，通过网络、社会媒体、客服中心与公司的数据，分析用户需求和建议。

2.3.3 澳大利亚

随着智能电网建设，澳大利亚部署了大量的智能电表，且其电表具有采样周期短（5min）的优势，以电表数据为基础，电力公司开发了若干应用。Jemena 电网（Jemena Electrical Network, JEN）是 SGSPAA 公司下属配电运营公司，负责澳大利亚墨尔本西北地区 950km^2 的配电业务，拥有客户 33 万户。2014 年，JEN 按照维多利亚州政府要求完成了全区域内智能电表安装。为了进一步发挥智能电表资产效益，减少电网运营成本，提高供电可靠性和用户满意度，JEN 在智能电表非计量功能上做了大量研究和运用，开发的典型应用有停电管理、基于阻抗测量的状态评估和用户相位识别。JEN将停电管理系统与智能电表系统（Advanced Metering Infrastructure, AMI）进行贯通。在派遣工作人员赴现场处理故障前，利用智能电表和停电管理系统数据综合分析判断故障地点、性质、范围，加快了响应时间，不仅提高了供电可靠性，还减少非必要的抢修车辆出动成本、呼叫中心话务成本。2013 年 JEN 服务范围内发生 2499 起非必要抢修车辆出动。按照监管条例，用户需对此付费，但对老年人、需生命救助设备人员、弱势群体免除费用，而列入公司运营成本。2013 年，由用户承担车辆费用 951 起，支付 32.8 万澳元；由 JEN 承担 1548 起，增加成本 53.5 万澳元。运用智能电表和停电管理系统数据进行故障分析判别后，车辆出动费用下降 70%，每年为公司节约运营成本约 35 万澳元，为客户节省约 23 万澳元。澳大利亚 AusNet Services 公司于 2010 年启动部署 AMI，并在 2011 年开始开发智能电表数据分析应用[19]。AusNet 集成了 AMI 数据以及地理信息系统、SCADA 系统、用户信息系统、资产管理系统，可快速判定断线故障，并缩短巡线范围。某一案例表明，巡线范围从原来的 4.7km 缩短到 350m，停电时间从原来的 4.75h 减少为 0.5h 以下[17]。

2.3.4　中国

我国于 2015 年启动了“863”计划科研项目“智能配用电大数据应用关键技术”，于 2018 年通过验收。项目集成了用户用电信息数据、配电系统数据和外部数据，实现了多源异构数据的集成、存储、处理，以上海浦东新区为对象开发了智能配用电大数据应用系统，实现用户用电行为特征分析功能，并具备节电、用电预测、配电网架优化、错峰调度应用功能，示范用户数 235.6 万户，集成业务数据源 10 个，系统服务响应时间 2.6s。

国网公司安全质量监察部和南京航空航天大学合作，在传统的“海因里希法则”基础上，运用大数据技术，建立了我国电力企业的安全事故比例模型，再通过回归分析，对未来可能存在的隐患数量进行预测，并进一步做出事故预测，确定隐患数量的控制目标，形成一套安全生产预警模型。中国电力科学研究院开展了电力地图研发、变压器重过载预测、变压器健康评估、配电设备供电能力和运行效率评估等研究，其中变压器重过载预测系统已部署在山东电力监控平台。国网信通亿力公司应用大数据技术进行线损分析：基于关口档案，从电能量采集、营销业务应用系统、用电采集系统接入的大数据，计算关口电量，结合“四分”计算模型，生成电量“四分”计算模型、电量及设备参数数据，对统计线损、同期线损、理论线损进行计算和统计，并追溯电量明细，实现至用户、表计详细信息的层级穿透。

省市电力公司是大数据应用的主体[18]。例如：上海电力公司和上海电力大学合作，提出了基于有限状态机故障因果链的连锁跳闸故障诊断和预测方法，以实际电网为例，验证了方法的可行性。国网冀北电力公司承德供电公司以电能质量在线监测系统数据为数据源，通过对基础台账数据、运行数据进行深度挖掘，对业务数据进行全景分析及自动预警。山西电力公司忻州供电公司应用大数据技术，开发了对中低压电网运行工况异常诊断和在线监测系统，可及时反映电网运行中的单相接地事故，制定相应的拉路措施，提高了配电网运行的供电质量。陕西电力公司选用随机森林算法进行用户窃电特征分析，在此基础上，利用 XGBoost 算法构建疑似窃电用户辨识模型，提高了反窃电工作的效率和窃电识别准确性。江苏省电力公司徐州供电公司应用聚类分析方法对变压器运行参数进行聚类分析，并利用不良数据辨识后的 SCADA 系统量测数据进行变压器设备参数估计。浙江公司台州供电公司搭建了由各类监控信息分析模块组成的信息分析中心，通过智能电网调控技术支持系统获取电网实时和历史运行数据，基于 K-Means 聚类算法，提升数据分析效率，并对输变电设备越限、异常和事故事件进行识别和进行风险评估。江苏公司苏州供电分公司借助 Power BI 大数据分析软件，以运检生产管理、设备管理和人员管理等数据为核心，综合时间、天气、地理等信息，实现了人员、工作量、设备缺陷等运检生产关键因素的全方位多时空动态展示，为了解和把控运检生产各关键因素提供了直观的工具。浙江公司嘉兴供电公司将大数据分析和机理分析相结合，开展停电与物质关联分析，根据外部背景信息、实时的运行工况与环境信息，在线估算各类电力设备故障率影响的时空分布，据设备故障演化机理，动态评估电力系统可靠性的风险，实现早期预警。国网华东分部和复旦大学合作，开展了上海市 PM2.5 质量浓度影响因素研究，研究结果显示：对于上海市而言，用电量和发电量都是影响 PM2.5 质量浓度的因素，但用电量的影响强于发电量。要降低上海市 PM2.5 的小时质量浓度，需要发电、用电企业至少提前 12 天进行生产计划调整；要降低上海市 PM2.5 日均质量浓度，需要发电、用电企业至少提前 8 天进行生产计划调整。陕西省电力公司咸阳供电分公司和西安理工大学合作，开展了基于大数据的配网运营可视化平台建设工作，平台通过数据接口和调用服务从地理信息系统、调度自动化系统、配网自动化系统、生产管理系统、营销系统、负控监测系统、客户服务系统、车辆管理系统中获取数据，进行指标计算、拓扑分析、故障研判、预测挖掘，实现了基于 GIS 方式的电网运行监视、抢修指挥、运营监测。

2.3.5　国内外发展现状的分析对比

2014 年以来，国内外电网企业、IT 公司、高等院校针对智能电网大数据开展了研究。各国关注点也基本相同：均很重视用户用电数据、PMU 和 GIS 数据的应用、配用电数据的融合，重视大数据平台开发和利用。虽然从应用来看，各国关注点和成果相差不多，但大数据的基础是有差距的，支撑大数据应用的先进算法及其开源软件主要由美国开发，其研究基础雄厚，这是国内与美国等先进国家最大的差距。

各国电力大数据应用场景重合度较高：停电管理、电能质量管理、用户服务、需求响应潜力评估、输电线路附近树木分析、收入保护（包括窃电、非技术性损失分析）、大电网安全稳定分析、资产保护分析和资产检修计划安排、用户用电行为分析、电价效果分析、可再生能源和储能应用，都是重点关注的应用场景。

虽然电力大数据应用场景各国的选择差别不大，但数据特性的不同会导致最终开发出的应用的不同。例如：虽然欧洲、美国、澳大利亚和我国都部署了智能电表，但由于电表采集密度不同、在事故信息推送方面的差异，可开发的应用也会有差别。

总体来说，研究和应用尚处于起步阶段，具体表现在如下几个方面：①数据的集成度不高；②一些研究仍基于仿真数据；③数据分析仍主要以统计分析和可视化为主，在数据挖掘深度方面不足；④外部数据利用率低；⑤很多研究成果仍停留在学术研究阶段，距离工程应用尚有距离。

智能电网大数据的价值远未得到挖掘和体现，以电表数据和 PMU 数据为例，其数据价值尚未得到挖掘。国际可再生能源机构（International Renewable Energy Agency, IRENA）在 2018 年的报告中写道，一些国家的专家达成的共识是：电力大数据的价值，目前仅挖掘了 2%。从国内外的研究和应用情况与这一结论相符。当前电力大数据的研究成果虽多，但主要体现为学术研究价值，并未发挥其工程应用价值，研究成果采用的数据通常是仿真数据或典型算例，距离实际应用仍有距离。如何从文章、理论研究、实验室研究、示范走向工业应用，是大数据面临的挑战。大数据的理论和方法仍在发展中，大数据在电力系统的应用研究仍有很大的发展空间。

2.4 技术预测与展望

2.4.1 智能电网大数据技术发展预测

大数据作为一种综合性科学和技术，仍在快速发展中，大数据技术应用于智能电网，将发挥日益重要的作用，预计将具体表现为如下几个趋势。

（1）基于大数据的思维模式和决策范式将发挥日趋重要的作用。大数据不仅是指面向海量、异构、复杂数据的各种处理、分析技术，也代表了一种颠覆性的思维方式，与数据驱动的思维模式相关联，将形成新的决策范式。揭示这一决策范式转变机理和规律的理论和方法，包括哲学思想、伦理道德体系等，也将逐步完善。在传统电力系统向智能电网转变的过程中，大数据的思维模式和决策范式初期将主要作为辅助分析手段，逐步成为必需的主流方法。

（2）智能电网大数据的采集聚到增加、数据的获取和融合将越来越容易。电网企业在信息化、智能化建设中，已经积累了大量的内部数据，构成了智能电网大数据的“存量”；物联网的应用，特别是国内泛在电力物联网的发展，将极大地扩展智能电网大数据的采集渠道，各种智能传感装置、车联网、电力可穿戴设备、智能配电终端、新一代智能电表等设备，都将为智能电网提供更多高质量、有价值的数据。泛在电力物联网中营配融通采集装置的使用，将从采集端实现营配融合，中台技术的应用将有效促进数据的融合。此外，外部社交网络、政府公开信息平台也将为智能电网提供丰富的大数据增量数据资源。

（3）基于云雾协同的大数据分析平台将更加完善。云计算将原本相对独立的计算技术和网络技术进行融合，在融合的网络平台上叠加分布式计算能力，借助虚拟化技术对网络与计算资源进行有效整合。但云计算要求网络容量足够大，通信带宽足够宽，而且没有延迟，因而不适用于一些对实时计算、实时决策有较高要求的场合。雾计算是移动计算的载体，扩大了云计算的网络计算模式，将网络计算从网络中心扩展到网络边缘，从而可更加广泛地应用于各种服务。雾计算和云计算相互补充，形成云雾协同的大数据平台，将能更有效地分析、整合和利用物理分布的各种计算资源，大幅提供实时分析和优化能力。

（4）边缘计算将获得广泛应用。智能电网大数据体量大，无法用单台计算机进行处理，需依托云计算的分布式处理、分布式数据库和云存储、虚拟化技术。移动互联网和物联网技术拓展了智能电网数据的采集渠道，同时，物联网的发展催生了边缘式大数据处理模式，即边缘计算模型，其能在网络边缘设备上增加执行任务计算和数据分析的处理能力，将原有的云计算模型的部分或全部计算任务迁移到网络边缘设备上，降低云计算中心的计算负载，减缓网络带宽的压力，提高万物互联时代数据的处理效率。新一代智能电表、配电物联网中都应用了边缘计算。

（5）人工智能将成为大数据价值体现的核心技术。大数据的核心并不是对于数据进行简单的统计分析，而是从海量的数据中获取人们未曾发现的深层次的有用知识。而一些知识往往需要人类智能的参与才能完成，因此需要计算机提升对于数据的认知能力，对人类的意识、思维过程进行模拟，能够像人类那样进行思考，具备感知、理解和最终决策的能力，并且在计算机高计算能力的基础上，能够比人脑做得更快、更准确，而这些背后的核心技术就是人工智能。

人工智能通过感知环境，对面临的环境有一个理解，最终在理解的基础上作出决策，并且能够进行自我学习，随着经验的积累而不断演化。对于人工智能而言，数据就是经验，随着经验演化也就是伴随着数据的不断增长，从而提升自身的能力。当前，深度学习、强化学习以及二者的结合，是人工智能中最受关注的数据分析方法，与大数据集合，对于大数据和人工智能的发展有着极其重要的影响。

需要指出的是，人工智能分析方法需要与智能电网的特点密切相关，除了一些最基本的通用数据模型和计算方法，目前还缺少对智能电网具有针对性的、一般化的分析方法，需要根据智能电网自身业务构建特定的模型和算法。

（6）量子计算等先进计算技术将支撑智能电网大数据应用。尽管目前量子计算机的研究处于起步阶段，但已经有一些公司正在使用量子计算机进行相关实验，以帮助不同行业的实践和理论研究。之后不久，谷歌、IBM 和微软等大型科技公司都将开始测试量子计算机，将它们集成到业务流程中。很多智能电网大数据应用场景都需要满足数据处理的实时性要求，在流计算、内存计算、分布计算广泛应用的同时，量子计算有望成为更先进的支撑技术。

（7）网络安全将变得更智能。智能电网大数据的安全和隐私问题依然是研究与探讨的热点。智能电网大数据及其相关核心资源涉及企业商业机密和国家安全，引发业内人士的广泛关注。如何保护智能电网大数据的安全以及用户隐私成为智能电网大数据应用研究成果真正应用于实际的制约问题。为了应对这种永无止境的威胁，使用数据分析作为预测和检测网络安全威胁的工具成为趋势。大数据可以通过安全日志数据集成到网络安全策略中，能够用于提供之前发生过威胁的信息，这可以帮助电网企业预防和减轻未来黑客入侵和数据泄露所带来的影响。

2.4.2 大数据在智能电网的应用发展路线图

从数据采集量、融合程度，分析深度以及应用情况几个维度，描述大数据在智能电网应用的三阶段发展路线图如图 2–2–2 所示。

2025 年：随着外部数据开放程度加大及智能传感技术和物联网技术在电力系统的示范应用，智能电网大数据体量明显增加；异构数据的融合程度加大；大数据分析主要停留在统计分析、一般性关联分析方面，深度学习等人工智能方法开始应用于智能电网大数据分析中，但尚未发挥主要作用。大数据将在智能电网某些领域发挥作用，包括风电预测、光伏预测、用能预测、需求响应潜力分析等；大数据还将在电力企业转型中发挥重要作用，包括节能服务、电动汽车充电桩建设和运维、售电服务等。

2035 年：随着泛在物联网技术建设的逐步开展，智能传感、新一代智能电表、智能终端大范围推广应用，智能电网内部数据体量大增。来自政府和社会相关部门的数据更开放，数据的获取更容易，融合政府、社会、互联网等外部数据和电力系统内部数据的智能电网数据量更大。各类融合采集设备的使用，使数据的融合更容易，融合程度更高。人工智能、“数据驱动 + 知识驱动”的分析方法将在智能电网大数据分析中发挥主要作用；深度学习学到的是事物底层特征空间，人却能理解的对应的是事物的语义空间，这当中存在着语义鸿沟，而知识图谱可以用来弥合这个鸿沟；大数据深度学习为代表的数据驱动方法可以进行感知和记忆，进行关联计算，但是难以解释其推理计算过程，因此，将两种方法进行融合是未来的发展方向。云边协同的大数据存储方式、量子计算等先进计算方法，为快速数据分析提供了技术支撑。大数据应用开始进入主要业务领域，如电力系统稳定性分析、可靠性评估、电网调度运行、设备管理。

2050 年：电力系统也进入泛在物联网全面支撑的时代，各种传感装置、可穿戴物品、智能终端在电力系统中广泛应用；统一数据中心、车辆网、新能源云平台全面建成；强大的中台不仅可存储海量数据，还可实现数据的高度融合、高度分享，以及实现智能算法的分享，为大数据分析和应用提供强有力的支撑。大数据应用不再只起辅助决策作用，而将成为决策支持的依据；大数据应用全面进入智能电网的各个领域。

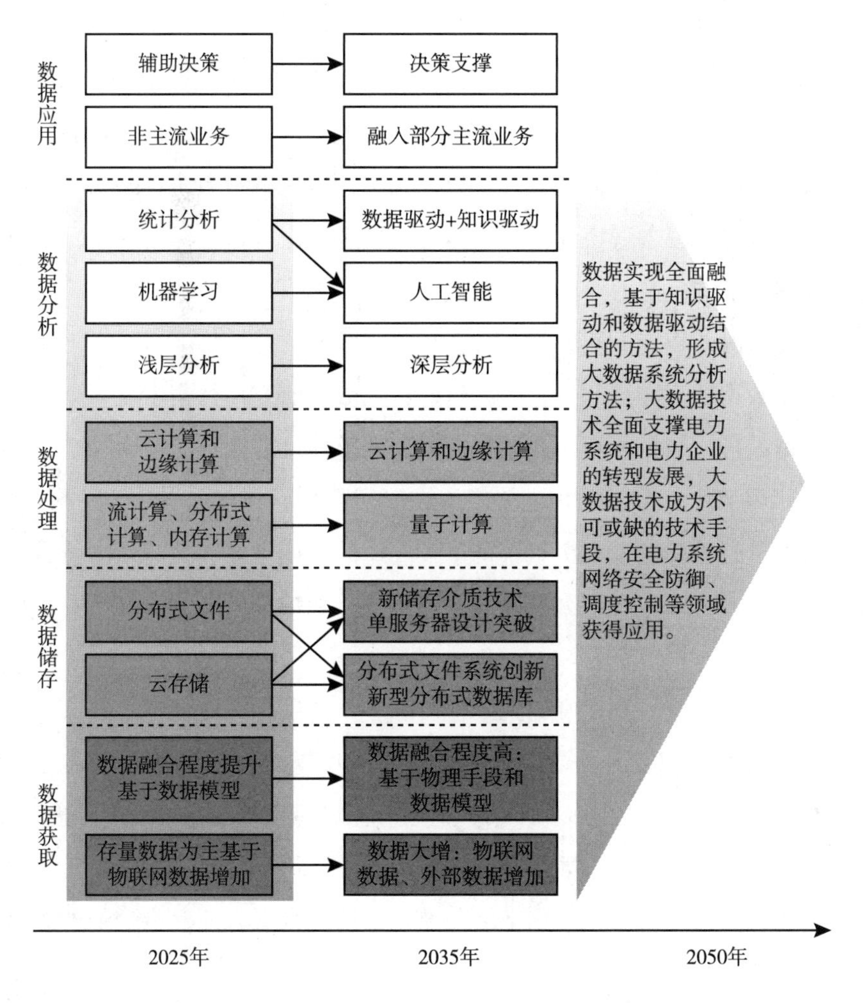

图 2-2-2　大数据应用于电力系统的发展路线图

2.5　小结

随着移动互联网、智能硬件和物联网的快速普及，全球数据呈现指数级增长态势。与此同时，机器学习等先进的数据分析技术的创新也日益活跃，一个更加重视大数据价值、大数据技术快速发展的时代已经到来。

在电力系统向智能电网发展、电网公司向互联网企业转型的过程中，大数据是重要的使能技术。在电网的生产运行管理中每时每刻产生着巨大的数据，为大数据分析提供了数据基础；同时，数据处理、分析技术的发展为深入挖掘这些数据的价值提供了技术支持。

2013年以来，国内外的高等学校、研究结构、IT公司、电力公司，开展了智能电网大数据研究，取得了诸多学术研究成果。智能电网大数据研究涉及数据应用的各个环节：获取、预处理、存储和处理、数据分析；覆盖电力系统各个领域：风、光发电预测，负荷预测，设备健康评估，电力系统安全稳定分析，网络安全，用户用电行为分析和参与需求响应潜力评估，停电管理。

综合当前国内外智能电网大数据研究和应用状况，总结如下：研究工作仍主要依据仿真数据，数据的真实性和融合程度较低；大数据研究往往集中在某个环节、某个侧面，或数据处理或数据分析，在大数据分析的整体性方面有所欠缺；学术研究与工程需求结合不够紧密；数据分析主要停留在浅层次分析，仅通过数据的聚类、关联、回归、可视化进行数据统计分析；获得工程应用的领域主要在负荷预测、风光发电预测、用户行为分析方面，在电力系统安全稳定分析和控制、电力系统调度运行等核心领域应用很少。

如何将学术研究成果真正应用到工程实际中，特别是应用到核心领域中，充分体现数据和数据分析的价值，是当前面临的挑战；实现多源数据融合基础上的大数据深度分析，是未来发展的方向、研究的重点；保证智能电网大数据的安全和隐私保护，也是最终推动大数据在电力系统中获得实质性应用的前提。与此同时，优化学科和课程设置，加强人才培养，特别是培养懂业务的大数据人才，也是未来需要加强的工作。

人工智能在大数据分析中的应用，云边协同的大数据存储和处理方式，网络安全的智能化，边缘计算、量子计算支撑下的大数据快速分析，是智能电网大数据的发展方向。大数据在智能电网的应用，将从浅层分析、非主流业务、辅助决策走向深度分析、主流业务和决策支持迈进。

参考文献

[1] Howe D，Costanzo M，Fey P，et al. Big data：the future of biocuration[J]. Nature，2008，455（7209）：1-136.

[2] Special issue：Dealing with data[J]. Science，2011，331（6018）：639-806.

[3] Brown Brad, Michael Chui, James Manyika. Are you ready for the era of "Big Data"? [J]. McKinsey Quarterly, 2011, October.

[4] Davenport Thomas H, Paul Barth, Randy Bean. How big data is different? [J]. MIT Sloan Management Review, 2012, 54 (1): 22-24.

[5] 中国电机工程学会信息化委员会. 中国电力大数据发展白皮书 [M]. 北京：中国电力出版社，2013.

[6] 张东霞，苗新，刘丽平，等. 智能电网大数据技术研究 [J]. 中国电机工程学报，2015(1)：1-11.

[7] 王继业. 智能电网大数据 [M]. 北京：中国电力出版社，2015.

[8] Wu X, Kumar V, Ross Qunlan J, et al. Top 100 algorithms in data mining [J]. Knowledge and Information Systems, 2008, 14 (1): 1-37.

[9] Xindong Wu, Xingquan Zhu, Gong-Qing Wu, et al. Data Mining with Big Data [J]. IEEE Transactions on Knowledge and Data Engineering, 2014, 26 (1): 97-107.

[10] He X, Ai Q, Qiu R C, et al. A Big Data Architecture Design for Smart Grids Based on Random Matrix Theory [J]. IEEE Transactions on Smart Grid, 2017, 8 (2): 674-686.

[11] Electric Power Research Institute. Distribution Modernization Demonstration [R]. USA, 2013.

[12] Electric Power Research Institute. Transmission Modernization Demonstration [R]. USA, 2013.

[13] IBM. Managing big data for smart grids and smart meters [R]. USA, 2012.

[14] 杰克・莱文，张东霞，马文媛. 美国奥能公司给予用电数据分析的用能服务应用 [J]. 供用电，2015 (9)：1-5.

[15] C3 Energy Renamed C3 IoT - C3 IoT Platform Launched for Enterprise Markets [EB/OL]. http://www.c3energy.com/customers-BGE-casestudy.

[16] 王璟，杨德昌，李锰. 配电网大数据技术分析与典型应用案例 [J]. 电网技术，2015，39(11)：3114-3121.

[17] Pak Khong, John Theunissen, Jethro Kairys，等. 基于高级量测体系的数据分析研究与应用开发 [J]. 供用电，2015 (8)：37-44.

[18] 中国电力发展促进会. 2018 电力行业大数据优秀应用创新成果（论文）集 [C]. 出版者不详，2018.

[19] Germano Lambert-Torres, Maurilio Pereira Coutinho. Some Discussions about data in the new environment of power systems [M]. 2015 IEEE Power Engineering Society General Meeting, Denver, USA.

3 智能电网人工智能技术

3.1 引言

智能电网的建设需要人工智能技术的支持。一方面，随着新能源、电动汽车、需求响应等技术的广泛应用，智能电网的时变非线性、随机不确定性将进一步提高；另一方面，随着泛在电力物联网的建设，智能电网产生的数据量日益庞大，数据源会日益增多[1]。因此，传统的基于小样本数据建立起简化模型的方法，在应用于智能电网时，出现了收敛速度慢、结果陷入局部最优等问题。相较于传统方法，新一代人工智能技术在处理智能电网的高维、时变、非线性问题以及大数据问题上表现优异。一方面，它能解决智能电网高维复杂数据的挖掘及特征提取难题；另一方面，可弥补传统机器学习方法在实际应用中的训练数据不足、泛化能力差等问题。因此，未来亟须将人工智能技术与智能电网需求相结合，全面提升电网运行控制的自动化和智能化水平，实现电网的经济、安全、高效、智能化发展[2]。

3.2 智能电网人工智能关键技术

3.2.1 智能电网人工智能概念

人工智能是让机器模仿人类逻辑思维和高级智慧，执行复杂任务（原本需要人类智能才能完成）的技术。其研究领域包括专家系统、模糊逻辑、进化计算、机器学习、计算机视觉、自然语言处理等[3]。截至目前，人工智能已诞生半个多世纪，其发展经历了诸多曲折。1955 年，约翰·麦卡锡首度提出“人工智能”的概念，标志着人工智能的正式诞生；1956 年，人工智能进入第一次高潮，其表现为利用计算机实现了机器定理证明；从20世纪70年代开始，受限于当时计算机的性能、计算复杂性的指数级增长和数据量缺失等因素，人工智能研究进入了第一次低谷；1980年，专家系统和神经网络诞生，其带来的巨大便利使得电力领域的专家学者也开始将它们引入电力行业中；然而，由于当时专家系统发展乏力，神经网络研究受阻，最终导致人工智能的研究进入了第二次低谷；20世纪90年代，人工智能技术开始进入平稳发展时期，而深度神经网络的提出迎来人工智能的飞速发展。2016年，“AlphaGo”战胜围棋世界冠军李世石，人工智能迎来了第三次高潮。由于深度学习具备自动学习模式特征的优势，以深度学习为代表的第三代人工智能技术在传统电力行业得到了广泛应用，并有望应用于智能电网的建设，进一步推动智能电网的发展。

目前，人工智能广泛应用于医疗、金融、交通、电力等领域，极大程度推动了这些领域的技术创新。在传统电网向智能电网进化发展的过程中，相关技术如大数据、物联网等的发展，使人工智能技术在智能电网中的应用具备了天然的数据基础和发展条件。而人工智能技术在智能电网中的应用又进一步推动了电网智能化进程，形成智能电网与人工智能相辅相成，相互促进。简而言之，智能电网人工智能是人工智能的相关理论、技术和方法与新一代智能电网的物理规律、技术与知识融合创新形成的“专用人工智能”。

3.2.2　智能电网人工智能关键技术

智能电网人工智能关键技术主要分为三类：基础层、算法层和技术层，如图2–3–1所示。

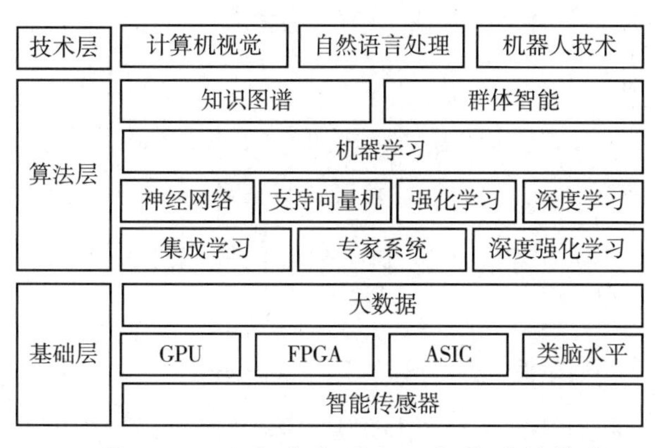

图2–3–1　智能电网人工智能关键技术

3.2.2.1 基础层

基础层主要涉及人工智能基础数据的收集与运算等相关技术，包括获取外部数据信息的智能传感技术，具备运算能力的人工智能芯片技术以及数据储存、数据挖掘等技术。

1）智能传感技术

传感器是电网电气量、状态量的采集终端，是能源互联网的感知神经末梢，是电力调度、保护测控、安全运维、在线监测的基础设施组成单元，被视作“电力三次设备”。智能传感技术是智能电网人工智能基础层的核心技术，通过传感器将测量到的物理量转化为电信号或其他所需形式的物理量输出，以满足信息的智能采集、传输、处理等要求，给智能电网提供了重要的基础数据来源。智能传感技术在电网安全稳定运行中发挥着基础而广泛的作用，是促进人工智能在电网中深度应用的重要支撑技术。

2）人工智能芯片技术

目前深度学习技术等人工智能方法大规模应用于智能电网各业务领域中，其模型训练需要较高的内在并行度、大量浮点计算能力以及矩阵运算，需要用到大量的卷积并行运算，因此对人工智能芯片提出了计算力更高的要求。人工智能芯片技术能够解决 CPU 传统芯片架构在并行计算上表现乏力、算力不足和运算效率较低的问题，满足智能电网背景下海量数据复制计算的特殊场景需求。从技术架构角度来看，人工智能芯片可基于 GPU、FPGA、ASIC 实现，并包括类脑芯片等。

（1）GPU。GPU 最初是为了满足图像处理、3D 渲染等需求所而研发的芯片，其特点为擅长大规模并行运算和并行处理。目前，GPU 作为加速芯片，凭借优异的大规模数据处理能力，应用于文本大规模生成、棋牌类博弈、辅助驾驶系统和无人驾驶试验等多个领域应用。虽然从芯片底层架构来讲，GPU 并非专为深度学习等人工智能算法专门设计的。但不可否认，当前 GPU 的设计和生产均已非常成熟，在集成度和制造工艺上具有优势，因而从成本和性能的平衡来讲，是当下人工智能运算的很好选择之一。

（2）FPGA。FPGA 全称为可编程逻辑门阵列（Field Programmable Gate Array），是一种通用型的芯片，设计更接近于硬件底层架构，最大特点是可重复编程。基于该特点，用户可以通过 FPGA 配置文件来实现应用场景的高度定制，进而通过电子技术达到高性能、低功耗的目的，为智能电网中各个应用场景赋能。目前，FPGA 成本较高，多用于可重配置需求较高的军事、工业电子等领域。同时，FPGA 在深度学习加速方面具有可重构、低功耗、可定制和高性能等特点，是智能电网人工智能基础芯片的选择之一。但同时也需要看到，FPGA 在实际应用时也会面临诸多挑战，如何种统一编程模型和重用模式是最有效的等问题。

（3）ASIC。ASIC 全称为“专用集成电路”（Application Specific Integrated Circuits），是一种针对特定应用场景和特定用户需求而开发的专用类芯片。作为全定制设计的芯片，ASIC 芯片的性能和能耗都要优于市场上的现有通用芯片，如 FPGA、GPU 等。近年，越来越多的公司开始采用 ASIC 芯片进行深度学习算法加速，其中表现最为突出的是 Google 的 TPU。除此之外，中国的北京寒武纪科技有限公司、上海华为海思半导体公司、北京地平线信息技术有限公司等公司也都推出了用于深度神经网络加速的 ASIC 芯片。

（4）类脑芯片。类脑芯片是一款模拟人脑的新型芯片，它的架构类似于大脑的神经突触，处理器类似于神经元，而通信系统类似于神经纤维，允许开发者设计应用程序。通过这种神经元网络系统，计算机可以感知、记忆和处理大量不同的情况。目前，类脑芯片可分为模拟和数字两种。其中，模拟类脑芯片的代表是瑞士苏黎世联邦理工学院的 ROLLS 芯片和海德堡大学的 BrainScales 芯片。数字类脑芯片又分为异步同步混合和纯同步两种。其中异步（无全局时钟）数字电路的代表是 IBM 的 TrueNorth，纯同步的数字电路代表是清华大学首款异构融合的天机芯片。除此之外还有英特尔推出的 Loihi 芯片，其具备自主片上学习能力，使用脉冲或尖峰传递信息，自动调节突触强度，根据环境中的各种反馈信息进行自主学习。

3）大数据技术

在电力领域，大数据技术贯穿发、输、变、配、用等电力生产及管理的各个环节，是能源变革中电力工业技术革新的重要组成部分。它不仅是技术上的进步，更是涉及电力系统管理体制、发展理念和技术路线等方面的重大变革，是下一代电力系统在大数据时代下必不可少的技术之一。对电力大数据进行采集、传输、存储、分析，并从大数据中挖掘出隐藏的数据特征，从而为人工智能算法提供有效的、可理解的数据集，这是人工智能泛化训练的首要基础。

3.2.2.2 算法层

算法层主要涉及人工智能算法的开发和模型的构建，包括知识图谱、群体智能、专家系统、传统机器学习和现代机器学习技术等。

1）知识图谱

知识图谱是一种通过不同知识的关联性所形成的网状知识结构。它直观地为机器建模出真实世界各个场景的情况。基于知识图谱的交互探索式分析，机器可以模拟人的思考过程去发现、求证、推理。在电力领域中，知识图谱的应用可以辅助系统深度理解人类的语言，提升人机问答的用户体验。

2）群体智能

群体智能是一种由许多简单个体通过协作所呈现的集体智能行为[4]。它通过各种随机因素结合元启发性规则，使群体中的多个个体同时对解空间进行并行搜索，利用群体中个体的相互协作与竞争来实现问题的最优解。由于具有随机性、自适应性、鲁棒性、并行性等特点，群体智能在电力领域复杂优化问题的求解中有着良好的效果。

3）专家系统

专家系统是一种模拟人类专家解决领域问题的计算机程序系统，其结构包括知识库、推理机、综合数据库、解释模块、知识获取模块和人机接口。自从 1983 年第一台用于辅助电力系统恢复的电力专家系统诞生以来，专家系统已经伴随着电力系统走过了 36 年。目前专家系统已渗入到电力系统故障诊断、工程造价、负荷预测等领域，产生了巨大的经济效益。智能电网的新一代专家系统的应用关键在于如何通过泛在电力物联网收集和整理大量电力工业数据，构建相应的知识图谱并应用其解决实际问题。

4）传统机器学习

（1）人工神经网络。人工神经网络（Artificial Neural Network, ANN）[5]其本质是通过热力统计学和数学手段得到一种并行分布式的信息处理方法，并在不同程度和层次上模仿人脑神经系统的信息处理功能。人工神经网络按性能分为：连续型和离散型网络；按拓扑结构分为：前向网络和反馈网络。前向网络有自适应线性神经网络、单层感知器、多层感知器、BP 神经网络等。反馈网络有 Hopfield、双向联想记忆神经网络等。人工神经网络自从诞生以来便广泛应用于航空航天、基因工程、自动控制等非线性领域。在电力领域中，由于神经网络具有高度并行性、非线性全局作用、良好的容错性等优点，得到学术、科研和工程界广泛关注和研究，目前成果已经应用到智能电网的各个主要场景中，尤其是关于负荷预测、电力系统暂态稳定评估、电力系统控制等非线性、不确定因素较强的优化问题求解上。

（2）支持向量机。支持向量机（SVM）是一类按监督学习方式对数据进行二元分类的广义线性分类器，其决策边界是对学习样本求解的最大边距超平面。它通过核方法将低维输入映射到高维特征空间中和通过决策边界实现线性不可分样本的分类。在解决小样本、非线性及高维模式识别中，支持向量机表现出许多特有的优势，并能够推广应用到函数拟合等其他机器学习问题中。同神经网络一样，支持向量机在负荷预测和故障诊断等电力领域中发挥着重要作用。比如，在负荷预测中，支持向量机结合聚类分析技术，依据输入样本的相似度选取训练样本，强化了历史数据规律，有效地提高了负荷预测的精度，缩短了预测时间。

（3）集成学习。集成学习是传统机器学习的一种方法，也被称为“多学习器系统”。其核心思想是把同一个训练集训练出的不同弱分类器集合起来，构成一个更强的最终分类器（强分类器）。目前，根据集成思想搭建的集成学习架构分为3种：Bagging、Boosting和Stacking。其中，Boosting方法通过调整样本权重、级联网络等方法将弱学习器提升为强学习器；Bagging是使用多个同类学习器对数据的不同子集进行学习，再将学习结果通过某种方式整合起来；Stacking算法分为两层，第一层是用不同的算法形成T个弱分类器，同时产生一个与原数据集大小相同的新数据集，利用这个新数据集和一个新算法构成第二层的分类器。由于集成学习能够把多个单一学习模型所获得的多个预测结果进行有机地组合，从而获得更加准确、稳定的最终结果，因此，它非常适合用于多元数据融合和挖掘。目前，集成学习在电力领域中的应用还处于研究和探索阶段，主要集中在风机发电功率预测、电力设备的故障识别、电能质量和智能诊断等领域。

5）现代机器学习

（1）深度学习。深度学习是当前应用最为广泛的现代机器学习方法之一，其本质是具有多层隐藏层的神经网络。通过模拟大脑的结构（神经网络），深度学习将世界表示为简单像素单元，使用较简单概念定义复杂概念，通过多层卷积和嵌套来还原世界，从而使智能自下而上的涌现。由于免去了人工选取特征的烦琐过程，避免了高维数据所具有的“维度灾难”，深度学习被推广到多个应用领域。近年来，深度学习在图像识别、自然语言处理、视频理解等诸多领域取得显著成果。典型的深度学习模型包括深度信念网络（Deep Belief Network, DBN）、卷积神经网络（Convolutional Neural Network, CNN）、长短期记忆网络（Long Short Term Memory, LSTM）以及堆叠自动编码器（Stack Automatic Encoder, SAE）等。由于深度学习具有良好的非线性函数逼近能力，在处理高维数据分类、拟合、降维、聚类问题方面优势显著，得到了电力领域研究人员的认可。在实际应用中，通过将深度学习的自动特征提取与分类器相结合，采用模型自适应等算法对模型结构及参数进行优化，提升了深度学习在电力领域的应用效果。深度学习已初步应用于电力系统的各个生产环节，主要分布在电力系统中的故障诊断、暂态稳定性分析、负荷及新能源功率预测、运行调控等方面。未来，深度学习能够在多能源系统运行调控、电力电子化电力系统安全分析、柔性设备故障诊断及保护、电力信息物理系统的安全防护等方面发挥出独特作用。

在此介绍两种深度学习模型：深度前馈神经网络和深度反馈神经网络。

深度前馈神经网络：典型的深度前馈神经网络有 DBN、SAE 和 CNN。其中，DBN 由多个限制玻尔兹曼机层组成。这些网络被“限制”为一个可视层和一个隐藏层，层间存在连接，层内单元间不存在连接。隐层单元被训练去捕捉在可视层表现出来的高阶数据的相关性。SAE 由多个自动编码器串联堆叠构成，通过逐层降低输入数据的维度，将复杂的输入数据转化成简单的高阶特征，然后再输入到分类器或者聚类器进行分类或聚类，从而提取输入数据的高阶特征。CNN 包括卷积层和池化层，卷积层的人工神经元可以响应周围单元，在图像识别任务中表现优秀，但它并不完全适用于学习时间序列，需要配合传统机器学习方法进行辅助性处理。

深度反馈神经网络：典型的深度反馈神经网络主要为循环神经网络（Recurrent Neural Network，RNN），其对时间序列敏感问题有较好的求解性能。LSTM 是 RNN 模型的变种，继承了 RNN 的大部分优势，同时解决了梯度反向传播过程中由于逐步缩减而产生的梯度消失问题。LSTM 非常适合处理与时间序列高度相关的问题，例如局部放电故障诊断、电力调度语音识别、电力客服对话生成、电力设备振动故障等。

（2）强化学习。强化学习的灵感来源于心理学中的行为主义理论，其范式非常类似于人类学习知识的过程。该方法强调如何基于环境而行动，以取得最大化的预期利益。强化学习以 Q 学习算法为代表。Q 学习算法是一种基于马尔科夫决策过程的控制算法。它不依赖于模型，通过不断地试错与环境进行交互，最大化累积奖赏来学习最优策略，从而实现动态的最优的控制。强化学习具有不需要标签数据、不需要正负样本、强大的在线自学习能力以及兼顾现有知识和探索新知识的优点。国内外学者陆续将其引入电力行业的各个领域，例如系统的安全稳定控制、自动发电控制和电压无功优化。但是，传统的强化学习由于动作空间和样本空间的限制，无法解决复杂任务。近年兴起的深度强化学习技术具备深度学习的感知能力和强化学习的决策能力，将高维输入和反馈机制相结合，解决了传统强化学习在具有大量复杂动作空间场景下延迟较高的缺陷，消除了传统深度学习技术对标记数据的依赖性，在未来电力系统调度决策中具有较大的潜力。

（3）深度强化学习。深度强化学习是人工智能领域的一个新的研究热点。它以一种通用的形式将深度学习的感知能力与强化学习的决策能力相结合，通过端到端的学习方式实现从原始输入到输出的直接控制。随着 GPU 芯片的普及以及互联网快速发展带来的海量数据，深度强化学习被广泛关注，并在许多需要感知高维度原始输入数据和决策控制的任务中表现出强大的解析能量，得到广泛认同。

目前，深度强化学习主要包含三种类型，分别是基于值函数的深度强化学习、基于策略梯度的深度强化学习以及基于搜索与监督的深度强化学习。

基于值函数的深度强化学习：基于值函数的深度强化学习的典型代表为深度 Q 网络（Depth Q Network, DQN）模型，而 DQN 是传统 Q 学习算法的改进和提升。它在训练过程中使用经验回放机制，每次从回放记忆单元中随机抽取小批量的转移样本，通过随机梯度下降法更新网络参数。DQN 将奖赏值和误差项缩小到有限的区间内，保证了 Q 值和梯度值都处于合理的范围内，提高了算法的稳定性。诸多实验表明，DQN 具有很强的适应性和通用性。它能够以与人类玩家相媲美的竞技水平解决诸如 Atari2600 系列游戏等真实环境的复杂问题，并且无须大幅修改网络模型，仅通过参数微调和算法优化即可进行迁移学习，转而解决各类基于视觉感知的 DRL 任务。然而，传统的 DQN 模型在优化值函数的过程中会出现 Q 值过高的问题。为了解决这个问题，研究者们从不同方面对 Q 网络模型和 Q 学习算法进行了不同的改进，如基于竞争架构的 DQN、深度循环 Q 网络结构以及深度双重 Q 学习算法。其中，竞争架构的 DQN 以及改进后的深度双重 Q 学习算法在电网的紧急切机决策控制中得到了具体应用。与传统方法比较，这种新的方法直接从电网运行数据入手，在不同故障类型和运行方式的控制策略分析下无须调整模型，并且充分发挥模型的自主性，不断调整自身参数和网络结构，提供更为全面的辅助决策。

基于策略梯度的深度强化学习：策略梯度是一种常用的策略优化方法，通过不断计算策略期望总奖赏关于策略参数的梯度来更新策略参数，最终收敛于最优策略。它能够直接优化策略的期望总奖赏，并以端对端的方式直接在策略空间中搜索最优策略，省去了烦琐的中间环节。与 DQN 及其改进模型相比，基于策略梯度的 DRL 方法适用范围更广，策略优化的效果也更好。因此，在求解 DRL 问题时，往往先采取基于策略梯度的算法。基于策略梯度的算法分为两种，一种是基于行动者评论家（Actor-Critic，AC）的深度策略梯度算法；另一种是基于异步优势行动者评论家（Asynchronous Advantage Actor-Critic，A3C）的深度策略梯度算法。其中，AC 算法最具有代表性是基于 AC 框架的深度确定性策略梯度算法（Deep Deterministic Policy Gradient, DDPG）。它将策略网络引入到传统值函数网络中，使用策略网络来更新策略，对应 AC 框架中的行动者；传统的值函数网络用来逼近状态动作对的值函数，并提供梯度信息，对应 AC 框架中的评论家。然而 DDPG 采用经验回放机制，需要耗费很多内存和计算力。A3C 算法是一种轻量型的 DRL 框架。它通过 CPU 多线程的功能并行、异步地执行多个智能代理（Agent），去除了训练过程中产生的状态转移样本之间的关联性，这种低消耗的异步执行方式可以很好地替代经验回放机制。其中，A3C 方法在居民住宅能耗调度中得到了具体应用。通过联合用户历史用电设备运行状态的概率分布以及多智能体利用 CPU 多线程功能同时执行多个动作的决策，这种新方法向电力用户提供实时反馈，以实现用户用电经济性目标。

基于搜索与监督的深度强化学习：除了基于值函数的 DRL 和基于策略梯度的 DRL 之外，还可以通过增加额外的人工监督来促进策略搜索的过程，实现基于搜索与监督的强化学习。其中，典型的搜索监督算法代表为使用深度神经网络和蒙特卡洛树搜索（Monte Carlo Tree Search, MCTS）相结合实现深度强化学习。MCTS 是一种经典的启发式策略搜索方法，其每个循环包括 4 个步骤：选择、扩展、仿真和反向传播。MCTS 从诞生以来就被广泛用于包括行动规划在内的各种博弈问题中。目前，该混合方法的典型应用为谷歌的 AlphaGo。完整的 AlphaGo 学习系统包括 4 部分：策略网络、滚轮策略、估值网络和 MCTS。其中，策略网络通过图像设备采样得到的图像进行分析预测；滚轮策略采用预测速度是策略网络的 1000 倍的地毯式快速预测；估值网络根据当前局面估计双方获胜的概率；MCTS 将前三部分融合，进行系统的策略和搜索。在智能电网的应用中，这种混合方法通过使用稀疏自动编码器对自动生成的训练集进行训练，建立估值网络，然后利用支路修剪技术和估值网络对机组恢复措施进行 MCTS，最终获得具有较高鲁棒性的恢复方案，能有效应对机组恢复过程中的多种不确定性状况。

（4）迁移学习。运用已掌握的学习知识来解决另一个新环境中的问题是人类高级智能的重要表现之一。这也是人工智能——迁移学习所追求的能力，即迁移学习可将在一个场景中学习到的知识迁移到另一个场景中应用，使模型和学习方法具有更强的泛化能力。根据迁移项的不同可分为样本迁移、特征迁移、参数模型迁移和关系迁移。典型的迁移学习方法包括 TrAdaBoost，自我学习（Self-taught Learning）等。

在迁移学习中预训练模型的方法如下：

第一，选择源模型。一个预训练的源模型是从可用模型中挑选出来的。很多研究机构都发布了基于超大数据集的模型，这些都可以作为源模型的备选者。

第二，重用模型。选择的预训练模型可以作为用于第二个任务的模型的学习起点。这可能涉及全部或者部分使用与训练模型，取决于所用的模型训练技术。

第三，调整模型。模型可以在目标数据集中的输入－输出对上选择性地进行微调，以让它更好地适应目标任务。

3.2.2.3　技术层

技术层主要涉及人工智能技术的视觉感知、语言理解认知以及集合两者的应用终端控制技术，包括计算机视觉、自然语言处理和机器人技术。

1）计算机视觉

计算机视觉（Computer Vision，CV）技术是一种从图像或者视频中提取符号或者数值信息，采用计算机手段对其进行分析计算进而实现目标的识别、检测、分割、跟踪、复原的技术。计算机视觉技术在人工智能应用层中有着举足轻重的作用。它开始于 20 世纪 50 年代，经过半个多世纪的发展，在交通、安防、医疗、机器人等领域均获得发展和突破，并已经广泛应用于日常生活中，如目标检测、人脸识别、目标跟踪等。

电力系统是一个信息和能量变化较为迅速的系统，过渡过程往往在一瞬间完成，一旦发生故障，要尽量在短时延的情况下查找出故障并修复，否则很容易造成事故扩大从而导致级联效应。随着坚强智能电网和电力泛在物联网时代的到来，早期仅靠人眼观察并根据经验做出决策的传统方法将逐步被改进。计算机视觉技术开始广泛地应用于电力系统的各个场景中，如火电厂锅炉燃烧状态识别、电力线路在线监测、变电站自动识别报警、继电保护指压板位置判断等。简而言之，电网中需要人类视觉的场合基本上都需要采用计算机视觉技术，尤其是那些人类视觉无法感知的场景，例如精确定量感知、危险场景感知、不可见物体感知等。与计算机视觉相关的一些技术，如视频技术、图像数据压缩与传输、数字图像处理、虚拟现实技术等，已经在电力系统中得到广泛应用，具有良好的应用前景。

2）自然语言处理

作为人工智能的一个分支，自然语言处理（Natural Language Processing, NLP）[6]

是一种以计算机为工具对人类特有的书面形式和口头形式的自然语言信息进行各种类型的处理和加工，最终让计算机“理解”自然语言的技术。它的研究内容非常广泛，主要包括文本分类、情感分类、机器翻译、智能问答、语音识别等多个方面。这些方面的研究成果已经被应用到搜索引擎、推荐系统、智能家居、智能客服、语音输入法等互联网应用产品中，产生了巨大的商业价值，具有广泛的应用前景。

目前，自然语言处理技术在智能电网中仍处于探索和起步阶段。自然语言处理技术应面向电力领域核心业务，构建电力知识和语料库，研究电力文本特征提取、电网本体建模、知识加工和推理等技术，分领域逐步构建电力知识图谱，先期构建调控、运检和营销等领域知识图谱，支撑电力调度机器人、电网设备智能运维和智能客服等应用。最终，智能电网运用自然语言处理技术完成新一代电力智能搜索和问答解决方案，实现基于电力知识图谱的无人化电力调度。

3）机器人技术

机器人技术（Machine Technology, MT）作为人工智能最终实现的核心技术，其需要的理论及实践知识包罗万象，涉及机械、电子、液压、自动控制原理、计算机、人工智能、传感器及其应用、通信技术、网络技术等领域，是多种高科技技术理论的集成成果。目前，机器人技术应用于医疗、教育、服务、军事等诸多领域，具有较大的社会价值和潜在未来价值[7]。

作为电力领域中机器人技术的代表，电力巡检机器人融合了计算机视觉、机器学习等技术，目前已经广泛应用于各种电力场景中，如实现了电力设备故障诊断的电力巡检机器人。将深度学习、强化学习等技术与机器人技术相结合，机器人不仅在信号处理方面的能力得到提高，而且将拥有自主学习的能力，将会进一步提升学习效率和工作效率。

3.3 智能电网人工智能应用现状

人工智能技术在智能电网中的应用涉及各个方面，下面选择几个典型领域加以介绍。

3.3.1 智能电网的稳定性评估

传统的电力系统稳定性评估方法主要有：故障枚举法、能量函数法等。然而传统的方法一直未能做到快速、准确地进行电力系统暂态稳定性评估。机器学习具有特征提取能力强、模型结构简单、训练难度小等诸多优点，使得其适用于求解复杂高维的电力系统稳定性评估等类似问题。研究人员对机器学习类的暂态稳定评估方法进行了大量的探索。国内研究人员利用深度学习中的堆叠自动编码器、深度信念网络和卷积神经网络模型来分析电力系统运行数据，从而提高电力系统暂态稳定评估的准确率。国外研究人员基于最小二乘支持向量机和主成分分析法对电压稳定性进行在线评估，为系统稳定性评估提供了新思路、新方法[8]。

3.3.2 智能电网的控制优化

在智能电网控制优化领域，一些研究团队应用深度学习、强化学习、迁移学习等人工智能方法解决了在电力系统输入与输出数据关联性较强、维数较多等背景下的控制与优化问题。研究人员利用 Q 学习的学习机制提升了算法对系统的决策能力，进而获取了系统的最优控制，与此同时，其构建了知识迁移的基本框架，实现了碳能复合流优化。一些研究人员针对能量枢纽优化设计问题，利用粒子群算法和遗传算法分别寻找最优解。此外，针对在大规模综合能源系统的高维优化问题中，传统人工智能算法求解速度普遍较慢的缺陷，部分学者开始尝试采用知识迁移 Q 学习算法和内点法联合求解多能源系统联合优化调度模型，获得了较好的计算性能提升效果。国家电网公司利用深度学习分析环境信息，从中提取特征，基于这些特征利用强化学习进一步分析环境特征，并选择对应动作，实现目标回报；利用随机矩阵理论分析多维度数据方差，构建了强化学习模型，验证了模型在仿真系统上的有效性。

3.3.3 电力智能调度

在电力调度领域，针对大规模复杂电网的风险调度问题，部分研究人员利用强化学习的自学习能力和细菌觅食算法的寻优特性相结合的求解方法加以解决，极大地提升了算法在线学习的速度[9]。此外，部分研究基于信息－物理－社会融合系统，实现智慧能源调度机器人群体[10]。在实际应用中，2018 年全国首个虚拟人工智能配网调度员“帕奇”在国家电网杭州公司上线使用。2019 年春节期间江苏电网首个虚拟人工智能抢修调度指挥员“小艾”上线，能够实现自主感知、精确预判和准确指挥，缩短故障抢修时间。此外，美国马里兰电力联营体负责美国 13 个州的电网调度运行和电力市场组织，其智能电网实施主要侧重于调度和电力市场业务建设[11]。

3.3.4 电力设备状态评价与智能巡检

目前电力设备运维策略由定期检修转向状态检修，即通过在线监测、离线实验等多维度的数据来实时获得电力设备的状态，从而进行状态评价并依此进行检修和退役决策。然而，电力设备状态评价的数据缺失、故障样本稀缺、标准算法难以泛化等问题影响着评估的精度和效率。综合应用非均衡数据学习、代价敏感学习与集成学习等新兴算法，国家电网建立了运检智能化管控平台，给出了大型变压器设备自动化、差异化、客观量化的状态评价结果。在电力设备状态评价领域，部分研究人员通过引入群体智能算法和模糊函数，充分利用多维度小样本的电力设备数据，建立了更为合理的电力设备全寿命周期评估模型。

在智能巡检方面，国家电网公司研发出基于人机协同标注技术的智能巡检影像标注管理平台，支持运行检修数据管理与高并发、分布式在线标注；研发出基于深度增强学习的电力设备检测与故障识别系统，支持电力运检数据与级联识别。部分学者实施了一种基于自动无人机的检测系统，以自主监督的方式在广泛的区域执行各种检查和状态监视任务，从而对大规模光伏系统进行资产评估和可见缺陷检测[12]。一些研究人员利用深度学习和随机森林分类算法提高了关键电力设备图像的识别准确率。在实际应用中，国家电网已完成一套由智能机器人监测的安全系统。该系统利用人工智能技术完成系统运转，利用机器学习来智能识别监测对象。此外，地下电缆隧道无人巡检系统 2017 年正式投入运行，这是国内首个集智能巡检机器人、电缆及通道在线监控、虚拟现实可视化于一体的地下电缆隧道管理系统。

3.3.5 用电行为的智能分析

基于智能电表记录的丰富实测数据，学者提出了采用快速自适应聚类算法的用电行为分析法。其能够自动选择聚类中心，提取用户自身用电行为规律及用户群体共同行为特征，并结合档案数据、缴费情况和其他多维度相关数据，多角度提取出用户特征标签，为用户提供个性化服务[13]。另外，已有研究表明，基于人工智能技术，电网可以辨识出异常用电行为以及实现在线负荷检测，保证电网安全的同时引导用电结构优化。有学者利用条件高斯 – 伯努利受限玻尔兹曼机分析实时测量的数据，利用分析得来的特征来检测攻击[14]。相同应用问题，有学者则通过自动编码器对数据进行降维，再对攻击特征进行提取[15]。在实际应用中，国外电力公司开展了大量的智能化实践，包括智能表计、用户电压控制、动态储能等[13]。例如：美国公司 Forcepoint 在 UEBA 平台上使用基于自然语言处理和情感分析的机器学习方法分析用户行为，然后根据用户的危险等级筛选出可疑用户和异常用户，并对其产生的虚假数据进行提取和清除。意大利电力公司和法国电力公司通过安装智能双向电表，使用户随时能够掌握自己用电情况，并能进行远程控制[13]。

3.3.6 新能源功率预测

国家电网公司基于长时间序列下新能源资源再分析数据和我国 1000 余座新能源场站三年以上的运行数据，构建了面向不同波动过程的差异化智能感知模型，实现不同波动过程的适应性预测，大幅度提升预测精度。学者利用深度信念网络可以预测光伏发电功率，利用卷积神经网络对光照数据进行特征参数提取可以提高光伏发电功率的预测准确度[16]。美国学者利用堆叠去噪自动编码器（Stacked Denoising Auto Encoders）提升了不确定性风速预测的鲁棒性。ABB 和 IBM 公司应用 Watson 人工智能模型，根据历史和天气数据去预测发电和需求的供应模式，帮助电力公司优化当前智能电网的运营和维护，确定电力公司最佳负荷管理以及实时定价[17]。西班牙 Nnergix 公司开发的 Sentinel Weather 平台可以访问全球的天气历史数据和天气预报数据，通过机器学习技术预测天气变化对可再生能源产能的影响，准确预测出每小时的发电量，从而提升电厂发电效率，降低运营成本。基于实时卫星云图数据，国家电网公司提取出灰度特征，分别构建了云层自动识别和云层移动轨迹预测智能化模型，将光伏电站第二小时出力预测误差降低至 10% 以下，解决了云层遮挡引起的光伏电站出力快速波动的预测难题，实现光伏功率分钟级预测。

3.3.7 基于人工智能的储能协同

基于强化学习，部分学者构建了具备对储能系统充 / 放电功率、购买备用容量的决策能力的控制器。在实际应用中，西门子公司正在推广的 Junelight 智能电池，通过在电池上加入智能程序，能根据光伏系统的天气相关数据来预测家庭的个人消费情况，以协调电池的充电和放电，最大限度地降低了能源采购成本，持续减少了二氧化碳的排放。Stem 公司开发的人工智能平台 Athena 可以为企业提供自动化实时的能源优化管理服务。该系统可实时获取太阳能发电厂和电网负载数据，根据电费、天气预报等各种外部数据，分析未来电价的变化走向，进行发送或存储电力，使企业能源存储价值最大化[18]。

3.3.8　智能电网的企业经营管理

通过概念、实体、属性和关系等来构建知识图谱，使得机器理解和解释自然语言成为可能。基于已有的专业知识和全系统以文本形式存在的运行和操作规则、调度指令和报告营销档案等语料，中国电科院分领域构建电力知识图谱，研发电力领域核心实体识别、实体关系抽取、知识表示学习等技术，实现文本和知识图谱的有效融合，从而更好地为智能电网运行提供通用知识。在电力资产管理领域，传统电网使用纸质文档保存电力设备的借出、使用、归还、定期检查等记录，纸质文档的调阅、保存极为烦琐；设备数量和种类众多，无法准确掌握设备的定检时间。基于人工智能的数字化、智能化的电力资产管理，将设备信息和电力资产电子标签化，同时将各类的电力资产数据传送至云端，节省管理成本，提高管理精度。

3.4　智能电网人工智能技术的预测与展望

3.4.1　未来挑战与需求

未来，智能电网面临着诸多挑战。例如，大量新能源和新型负荷接入电力系统，导致难以实时平衡电网的供需；大电网广域互联和交直流混联增加了电网结构的复杂程度；风电、太阳能发电的波动性、间歇性和不确定性给电网带来了挑战；传统的机理分析模型和调控手段无法有效地全面感知、全景预测电网状态，难以做出合理的调控操作；继电保护组装置和定值整定难以满足运行方式实时改变的要求，缺乏足够的灵活性和可靠性；供电可靠性、电能利用效率、电网资产利用率的水平需要进一步提高；大规模分布式电源和大量电动汽车充电站 / 桩如何合理经济地接入电网；电动汽车、智能楼宇、智能家居等新型负荷如何与电网双向互动。面对上述问题，人工智能技术成为智能电网的发展的必然选择[19]。然而，人工智能在实际应用中还存在较多问题。

3.4.1.1　数据问题

数据对于人工智能是宝贵的资产。通过充分利用电网数据采集系统、监控系统和能量管理系统在日常的维护管理中采集到的海量数据，电网能够挖掘出更大的数据价值，产生难以估量的经济价值。然而，目前电力系统的多维度数据之间存在各式各样的数据壁垒，且各维度数据质量偏低。数据壁垒很大程度上限制了人工智能技术在智能电网的泛化能力，而数据质量的低下也使得机器学习的精度在现场应用中难以达到理想效果。在未来，统一规范的数据接口、更合理的数据结构顶层设计和低时延高带宽的传输通道将会促进智能电网大数据构建。届时，高质量电力工业大数据将会助力智能电网人工智能技术迈向新的台阶。

3.4.1.2　算法缺陷

当前大部分人工智能算法在模型搭建过程中并未建立明确的系统模型，计算的物理映射机制难以描述，运算过程呈现黑箱形式，导致运算结果缺乏可解释性、用户交互性和可操作性；传统人工智能算法存在弱稳定性，即存在人工智能分析解的不唯一性，可能导致低级错误辨识情况，而这在智能电网中是不能接受的。人工智能算法在小样本数据学习上能力不强，而智能电网应用中的一些场景在短期内无法获得大量的训练样本，且训练样本的质量难以判断；传统的人工智能算法基于特征量选取的标准化规范，在解决一些智能电网应用场景时应用效果不佳。虽然目前已经存在将智能传感、大数据分析、机器学习、自然语言处理等技术融合的人工智能控制算法，并已应用于工业机器人，但该算法尚不具备自主智能行为，仅能按设计程序完成规定任务。总而言之，目前智能电网缺乏一种能够将人类智慧和人工智能互补的高级智慧系统和多种具有更高智慧水平的人机互补智能算法。未来，透明可控、强稳定且规避误判、适用于小样本数据挖掘、具有数据驱动学习方式、具有自主智能行为、高智慧人机互补属性的高级（具有其中一种或者多种属性）人工智能算法将会出现，从而解决实际的智能电网应用中传统人工智能算法存在的问题[19]。

3.4.1.3　算力不足

近年来，算力不足愈发制约人工智能技术的发展。传统架构下的中央处理器无法满足机器学习高并行大规模矩阵运算的需求。在发－输－变－配－用为一体的电力系统中，电网运行状态瞬息万变，算力低下带来的时延效果会严重损害智能电网的安全性和稳定性。未来，基于脑神经网络架构和其他新型架构的人工智能芯片将会极大提高人工智能的算力。通过在云端和设备边缘侧共同部署的人工智能芯片，智能电网将会大幅度降低数据处理的时延，做到实时响应。

智能电网的建设需要人工智能技术突破现存的数据、算法和算力的瓶颈。在未来人工智能技术发展中，智能电网需要主动把握人工智能技术和产业发展机遇，在边缘智能、可解释机器学习、类脑智能和混合人工智能等前沿技术领域加快布局。其中，边缘智能保证电网数据的质量和传输速度；可解释机器学习提升电网操作的可解释性和可靠性；类脑智能适用于小样本数据处理和自主学习混合人工智能实现人机协同，发挥出双方优势。另外，智能电网的建设还需要根据人工智能技术的适用性和局限性，同时结合电网数据和物理状态特点，对人工智能技术进行适当改进和优化，形成特定电力业务场景的人工智能技术应用模型。

3.4.2 预测与展望

3.4.2.1 边缘智能

在智能电网的建设过程中，物联网技术被广泛应用于各类电力设备。但是，当前主流的物联网技术主要是将边缘设备采集的数据发送给数据中心进行运算分析处理，再由数据中心发送出边缘设备动作的操作指令。这种控制方式需要更高的网络带宽和储存容量，从而加重数据中心的负担，而且会延长智能电网保护装置动作和线路切换的时间。这种模式下，边缘设备只具备简单的数据采集、传输和最终指令执行功能，一旦与数据中心的网络通信中断，整个电力物联网可能处于无法响应的状态。

推动深度学习模型高效地部署在资源受限的终端设备具有重要意义[20]。通过协同终端设备与边缘服务器，边缘智能技术能够整合两者的计算本地性和云端计算能力，形成互补性优势，显著降低深度学习模型推理的时延与能耗。随着人工智能技术算法和芯片的发展，很多网络压缩算法的广泛使用降低了人工智能训练所需的计算量，同时人工智能专用的芯片以及现场可编程逻辑门阵列的应用使一些深度学习的运算可以从云端下放到边缘，这使得边缘智能的诞生成为可能。在边缘智能技术的应用下，重要的电力终端设备均具备数据采集、分析计算、通信和智能化功能，而智能电网能够利用云计算大规模地进行安全配置、部署和管理电力设备。

边缘智能技术的应用关键在于如何在资源受限的边缘端高效部署人工智能学习模型，其中包括边缘设备深度学习模型优化、深度学习计算迁移、边缘服务器与终端间的协同调度。解决手段主要有模型切分和模型精简两种。模型切分是指将整个深度学习模型切分为两部分，其中计算量大的部分下放到边缘端服务器进行计算，而计算量小的部分则由终端设备完成。该方法能够有效地降低深度学习模型的推断时延。模型精简是指选择完成时间更快的“小模型”，而非对资源需求更高的“大模型”，即适当地牺牲准确性来换取速动性。

边缘智能在解决配电网设备管理等问题上具有强大的优势。例如，边缘智能可以做到一定程度上的电力设备去中心化管理，实现电网配置下的简化部署，并且在故障端设备失效的情况下，利用附近设备自动采取应急措施，避免系统振荡失稳。电网的发输变配电过程中，各个智能传感器不再需要持续不断将自身状态传递给数据中心，而是自行判断电网状态的健康程度，并在状态发生变化时再与电力数据中心取得联系，比如电力设备温度升高、频率偏差、电压暂降，等待中心的反馈信息来决定执行的操作。特别地，在状态突变时，关键电力设备可以执行应急操作，避免事态进一步扩大，同时也避免通信中断影响系统运转。此外，电力设备如变压器、电力开关、电线电缆、继电保护装置等，能够对数据进行捆绑、精练和加密等操作，提高数据处理系统的灵活性和安全性，而用户侧的智能电表可以收集和分析用户用电数据，实现细粒度控制。

在未来的数字时代，分布式智能在电网的推进力度比以往更大。边缘智能在智能电网中建立起对多种协议、海量设备和跨系统的物理资产的实时映射，帮助电力系统更准确地获知电力设备状态，应对设备状态变化，改进操作和增加价值，实现自主化和协作化，保证电力操作和业务实时处理与低时延性。从长远来看，电网边缘智能化和自动化将促进市场的积极发展，提供集中式的清洁能源服务，保障输电网络的可靠高效性和自我修复性，实现端到端的综合电网管理策略。

3.4.2.2　可解释机器学习

人工智能技术逐步同电力行业融合的过程中，机器学习作为人工智能技术的核心也逐渐渗透至电网的各个方面。然而，机器学习具有较高的预测能力的同时也存在着可解释性不足的缺陷[21]。在用大量数据“教导”机器学习时，机器学习会产生不可预测性的“偏见”。当这些暗含“偏见”的数据被算法永久性地编码进程序中，可能导致未知的错误和偏差，这会影响最终结果和决策。目前，部分研究人员通过基于样本压缩理论为基于规则的算法提出了高度可解释模型，缓解未知的错误和偏差的影响，取得了很好的预测效果[22]。

智能电网的发展需要可解释机器学习。电网的可靠、可控和安全性要求机器学习从利用数据相关性来解决问题过渡到利用数据间的因果逻辑来解释和解决问题。但是，目前大部分机器学习尤其是基于传统统计的机器学习技术，高度依赖基于数据相关性学习得到的概率化预测和分析，因此在应用于电网领域的稳定控制、安全规划、状态监测等方面时会面临以下挑战：①由于常识的缺失，机器学习模型在基于历史数据进行分析和决策时可能会犯一些人类几乎不可能犯的低级错误，这是电力系统所不能允许的；②机器学习辅助电网人员进行发电厂决策、电力调度决策时，提供的统计意义上的准确率并不能有效地刻画决策的风险，甚至在某些情况下，基于概率性所做的决策可能与事实不符；③在以可控性为首要考虑目标的电力领域中，理解数据决策背后的事实基础是应用机器学习的可靠性和安全性的保证。

发展电力行业的可解释机器学习对于智能电网的稳定可控、电力设备状态的准确评估、可再生能源的功率预测及消纳等方面具有突出优势。可解释的机器学习使得特定电力场景模型得出的结论与输入数据之间的因果关联有迹可循，并且在不同的电力应用场景中要求模型解释的范围不一致。智能电网的电力大数据平台提供丰富的数据集，但是不足以覆盖所有的情况或者没有考虑数据的获取过程中潜在的偏差，这影响可再生能源功率和用户负荷预测的准确性，而电力可解释机器模型能够识别并减小偏差，提高预测准确性。在大多数电力应用场景中，电网收集到的数据信息仅仅是问题的粗略表示，并不能完全反映电网运行真实状态下的复杂性。电力可解释机器模型可以帮助电网运行人员理解并计量哪些因素被包含到模型中，并根据模型预测计量问题的前后联系，构建出更全面的电网控制模型。电力可解释性越强的机器模型其泛化能力越强，越能不拘泥于每一个电力数据点的细节描述，而是结合真实的模型和数据以及对问题的理解，综合把控电网的运行状态。

3.4.2.3 类脑智能

现阶段人工智能发展的主流技术路线是数据智能，但是数据智能存在一定局限性。比如，需要高质量标注的海量数据；高度依赖于模型构建；计算资源消耗比较大；缺乏逻辑分析且推理能力不足，仅具备感知识别能力；时序处理能力弱，缺乏时间相关性；仅适用于专用场景智能。类脑智能以高效灵活的方式学习理解周围环境，实现更为广泛的认知，符合通用型人工智能的发展要求[23]。

类脑智能是受大脑神经运行机制和认知行为机制启发，以计算建模为手段，通过软硬件协同实现的机器智能。类脑智能的信息处理机制与大脑相似，其认知行为表现和智能水平可达到或超越人类的水准。类脑智能，可以处理小数据、小标注问题，适用于弱监督和无监督学习；鲁棒性、自主学习和关联分析能力强，更符合大脑认知机制；计算资源消耗较少，可模仿人脑实现低功耗；逻辑分析和推理能力较强，具备认知推理能力；时序相关性好，更符合现实世界。目前，已经研发的天机芯片结合了类脑计算和基于计算机科学的人工智能的优势，实现了自主语音识别、自动控制平衡、探测跟踪以及自动避让障碍物等操作[24]。

类脑智能技术体系分四层：基础理论层、硬件层、软件层、产品层。基础理论层基于脑认知与神经计算，主要从生物医学角度研究大脑可塑性机制、脑功能结构、脑图谱等大脑信息处理机制；硬件层主要是实现类脑功能的神经形态芯片，即非冯诺依曼架构的类脑芯片，如脉冲神经网络芯片、忆阻器、忆容器、忆感器等；软件层包含核心算法和通用技术，核心算法主要是弱监督学习和无监督学习机器学习机制，如脉冲神经网络、增强学习、对抗神经网络等；通用技术主要包含视觉感知、听觉感知、多模态融合感知、自然语言理解、推理决策等方面；产品层主要包含交互产品和整机产品。其中，交互产品包含脑机接口、脑控设备、神经接口和智能假体，整机产品主要有类脑计算机和类脑机器人。

类脑智能能够分析出各个物理状态中的联系，自动推理出系统状态变化，在智能电网各环节的规划、预测、辅助决策、智能控制等应用场景中具有强大的优势，满足未来电网各个关键环节中系统自主学习的要求。例如，由于大量清洁能源的接入和分布式发电的广泛应用，智能电网的能源子网类型繁多，运行控制需求不尽相同，源－网－荷互动频繁，需要综合考虑电网发电、输电、用电的实时动态平衡。电力领域的类脑智能可以凭借其强关联分析能力、逻辑分析和推理能力等优势建立起更为全面的源－网－荷协调控制策略，实现电能的优化调度和源－荷实时动态平衡。在分析用户用电行为上，电力领域的类脑智能的弱监督和无监督优势可以对用户进行更为准确的精细化分类。在多种故障同时出现的电力设备方面，电力领域的类脑智能可以提取出更能全面反映设备状态的特征量和分析出复杂实际工况的故障类型。对于电力系统领域的故障预测、极端天气预报、设备健康状态评价等场景存在着可用数据量小的困境，类脑智能的小样本学习技术优势可为这些场景提供有力的技术支撑。此外，类脑智能的低功耗特点也符合人工智能广泛应用到电网各个环节的节能要求。

3.4.2.4　混合人工智能

混合人工智能是指以生物智能和机器智能的深度融合为目标，通过相互连接的通道，建立兼具生物（人类）智能体的环境感知、记忆、推理、学习能力和机器智能体的信息整合、搜索、计算能力的新型智能系统。混合智能系统构建出一个双向闭环的既包含生物体，又包含人工智能电子组件的有机系统。其中，生物体组织接受人工智能体的信息，人工智能体读取生物体组织的信息，实现两者信息的无缝交互。混合智能系统不仅是生物与机械的融合体，而且是融合生物、机械、电子、信息等多领域因素的有机整体，从而实现系统的行为、感知、认知等能力的增强。目前，研究人员将生物有机体的学习和决策能力与人工智能的规则学习能力相结合，设计出了混合老鼠机器人，其在迷宫学习任务中可以应用规则进行导航，还可以将规则组合转移到新的迷宫中，具备卓越的学习能力[25]。

混合人工智能可以分为两种实现方式：人在回路的混合增强智能和基于认知计算的混合增强智能[26]。前者是将人的作用引入智能系统中，形成人在回路的混合智能范式。在这种范式中，人始终是这类智能系统的一部分，当系统中计算机的输出置信度低时，人主动介入调整参数过程，给出合理正确的问题求解，构成提升智能水平的反馈回路。在这种情形下，可以把人对模糊、不确定问题分析与响应的高级认知机制与机器智能系统紧密耦合，使得两者相互适应，协同工作，形成双向的信息交流与控制，构成“1+1 > 2”的增强智能形态。后者是指在人工智能系统中引入受生物启发的智能计算模型，构建基于认知计算的混合增强智能。这类混合智能是通过模仿生物大脑功能提升计算机的感知、推理和决策能力，更准确地建立像人脑一样感知、推理和响应激励的智能计算模型，尤其是建立因果模型、直觉推理和联想记忆的新计算框架。

电力领域的混合智能既能发挥出电网专家的经验优势和决策能力，又能发挥机器的感知、记忆和推理能力。在混合人工智能的帮助下，智能电网能够创造一个动态的人机交互环境，有效提高电网的风险管理能力、价值创造能力和竞争优势。比如，智能电网可以利用在线学习“混合增强智能”系统，根据电网人员的电力知识结构、电力知识掌握程度进行个性化的职业培训。在电力资产精细化管理方面，电网管理人员可以把管理经验融入具有强大存储、搜索与推理能力的资产管理人工智能系统中，让人工智能作出更好、更快的识别分类管理；同时，又让电网人员介入其中，避免机器智能认知不足的问题。在巡检机器人和智能调度机器人方面，混合智能帮助研发出行为可控的智能机器人，解决电网实际运行中多种突发情况共同造成的难题。甚至，在一些狭窄且路径杂乱无章的空间中，如地下电缆通道，智能电网可能研发出可控的混合智能生物进行检修，弥足了机器人动作不灵活的缺陷。

3.4.3　发展路线图

综合以上分析，下面将智能电网人工智能技术的发展路线展望分为两个阶段：2020—2035 年和 2035—2050 年，如图 2-3-2 所示。

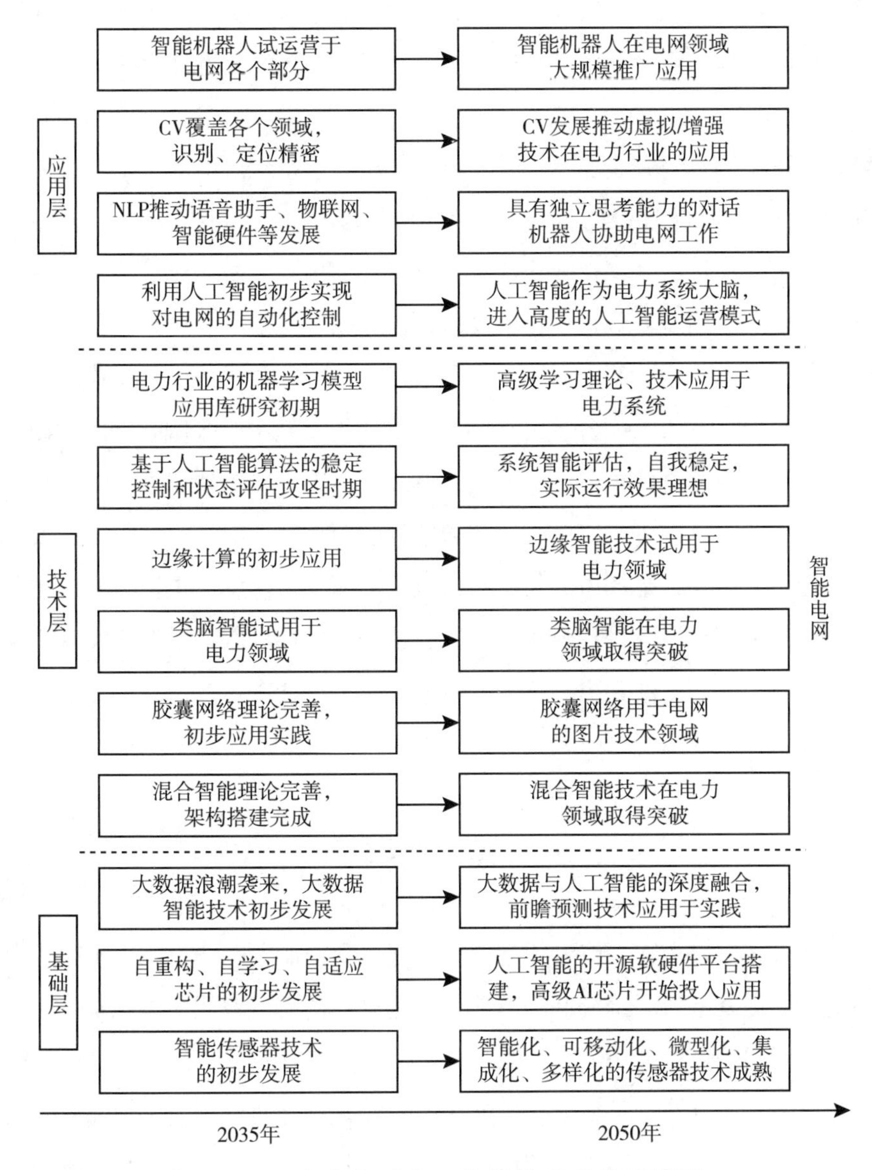

图 2-3-2　智能电网人工智能技术发展路线图

3.4.3.1　2020—2035 年展望

预计未来的十五年内，大数据技术、自重构 / 自学习 / 自适应芯片研发以及智能传感器技术的发展都会为人工智能的发展提供支撑。各类数据库处于快速搭建期，边缘计算、胶囊网络等新型技术理论与架构将会逐渐完善，人工智能技术存在的各种缺陷也逐渐得以解决。智能机器人在部分区域开始试点，计算机视觉、自然语言处理技术助力电网运营，并初步实现对电网的自动化控制。此阶段，主要是以智能化工作方式替代重复、单一、机械的工作方式，减少人工成本，提高工作效率与可靠性。此外，这一阶段的工作还将为下一阶段提供大数据资源、基础设施支持以及人才储备。

3.4.3.2 2035—2050 年展望

随着人工智能技术的完全成熟，人工智能与电力系统深度融合，前瞻预测技术进一步深化应用于智能电网重要的决策领域。在硬件开发上，高级 AI 芯片开始投入使用，智能化、可移动化、微型化、集成化、多样化的传感器技术已经成熟，各类学习数据库成熟应用于电网海量数据中，人工智能专属的开源软硬件平台搭建完成；高级学习理论、算法成熟应用于智能电网，通过借助人工智能技术的学习、推理能力，分析电力系统在大数据背景下的各种复杂问题，以获得超越单个人脑智能的预测、分析等能力，提升专业人员的分析、决策能力；逐步建成用于处理专业领域业务的人工智能集成系统平台，电网进入高度的人工智能运营模式。此时，人工智能的发展将会进入泛在人工智能阶段，带动电力人工智能进入新模式，使整个电网具有自主认知能力，能与外部其他智慧系统进行自主交互，并依据外部环境因素的激励实现本系统内各环节的自主协调控制，达到提高能源利用效率、节约能源生产成本的目的，最终建成人工智能控制的“智能”电网。

3.5 小结

人工智能研究方兴未艾，将人工智能技术应用到智能电网建设中，不仅可以加速智能电网建设，提升电力系统控制决策能力，也可以使人工智能与传统实体经济相结合，为人工智能的落地提供一个很好的范式。

本章介绍了智能电网人工智能技术的相关内容，首先简介了人工智能对智能电网的发展意义，简述了智能电网人工智能的基本概念和发展历程，分别从基础层、算法层和技术层三个方面阐释了智能电网人工智能技术含义。然后，基于当前的研究成果，阐述了国内外电力人工智能的应用现状，对人工智能技术应用的电力场景进行详细的描述。接着，论述了智能电网未来发展的挑战与需求，指出人工智能是智能电网建设的核心支撑技术，根据人工智能技术的发展趋势与智能电网所面临的挑战，从四个方面对智能电网人工智能技术的发展和应用进行了预测。最后综合整个智能电网人工智能技术的发展与趋势，分两个时间阶段描绘出了智能电网人工智能技术的发展路线图。

参考文献

[1] 余贻鑫，栾文鹏. 智能电网 [J]. 电网与清洁能源，2009，25（1）：7–11.

[2] 鞠平，周孝信，陈维江，等. “智能电网 +”研究综述 [J]. 电力自动化设备，2018，38（5）：2–11.

[3] Welsh R. Defining Artificial Intelligence [J]. SMPTE Motion Imaging Journal，2019，128（1）：26–32.

[4] Cruz D P F，Maia R D，De Castro L N. A critical discussion into the core of swarm intelligence algorithms [J]. Evolutionary Intelligence，2019，12（2）：189–200.

[5] Mocanu D C，Mocanu E，Stone P，et al. Scalable training of artificial neural networks with adaptive sparse connectivity inspired by network science [J]. Nature communications，2018，9（1）：2383.

[6] Young T，Hazarika D，Poria S，et al. Recent trends in deep learning based natural language processing [J]. IEEE Computational Intelligence Magazine，2018，13（3）：55–75.

[7] Billard A，Kragic D. Trends and challenges in robot manipulation [J]. Science，2019，364（6446）：8414.

[8] Kong W，Dong Z Y，Hill D J，et al. Short-term residential load forecasting based on resident behaviour learning [J]. IEEE Transactions on power systems，2018，33（1）：1087–1088.

[9] 韩传家，张孝顺，余涛，等. 风险调度中引入知识迁移的细菌觅食强化学习优化算法 [J]. 电力系统自动化，2017，41（8）：69–77，97.

[10] 程乐峰，余涛，张孝顺，等. 信息 – 物理 – 社会融合的智慧能源调度机器人及其知识自动化：框架、技术与挑战 [J]. 中国电机工程学报，2018，38（1）：25–40.

[11] 张文亮，刘壮志，王明俊，等. 智能电网的研究进展及发展趋势 [J]. 电网技术，2009（13）：1–11.

[12] Li X，Yang Q，Chen Z，et al. Visible defects detection based on UAV-based inspection in large-scale photovoltaic systems [J]. IET Renewable Power Generation，2017，11（10）：1234–1244.

[13] 余贻鑫，栾文鹏. 智能电网述评 [J]. 中国电机工程学报，2009，29（34）：1–8.

[14] He Y，Mendis G J，Wei J. Real-time detection of false data injection attacks in smart grid：A deep learning-based intelligent mechanism [J]. IEEE Transactions on Smart Grid，2017，8（5）：2505–

2516.

[15] Yang L, Li Y, Li Z. Improved-ELM method for detecting false data attack in smart grid [J]. International Journal of Electrical Power & Energy Systems, 2017 (91): 183-191.

[16] Wang H, Yi H, Peng J, et al. Deterministic and probabilistic forecasting of photovoltaic power based on deep convolutional neural network [J]. Energy Conversion and Management, 2017 (153): 409-422.

[17] Giordano V, Gangale F, Fulli G, et al. Smart Grid projects in Europe: lessons learned and current developments [J]. JRC Reference Reports, Publications Office of the European Union, 2011.

[18] Colak I, Sagiroglu S, Fulli G, et al. A survey on the critical issues in smart grid technologies [J]. Renewable and Sustainable Energy Reviews, 2016 (54): 396-405.

[19] 杨挺，赵黎媛，王成山. 人工智能在电力系统及综合能源系统中的应用综述 [J]. 电力系统自动化，2019，43 (1): 2-14.

[20] Zhou Z, Chen X, Li E, et al. Edge Intelligence: Paving the Last Mile of Artificial Intelligence with Edge Computing [J]. arXiv preprint arXiv: 1905. 10083, 2019.

[21] Schmidt J, Marques M R G, Botti S, et al. Recent advances and applications of machine learning in solid-state materials science [J]. NPJ Computational Materials, 2019, 5 (1): 1-36.

[22] Drouin A, Letarte G, Raymond F, et al. Interpretable genotype-to-phenotype classifiers with performance guarantees [J]. Scientific reports, 2019, 9 (1): 4071.

[23] Ullman S. Using neuroscience to develop artificial intelligence [J]. Science, 2019, 363 (6428): 692-693.

[24] Pei J, Deng L, Song S, et al. Towards artificial general intelligence with hybrid Tianjic chip architecture [J]. Nature, 2019, 572 (7767): 106.

[25] Wu Z, Zheng N, Zhang S, et al. Maze learning by a hybrid brain-computer system [J]. Scientific reports, 2016 (6): 31746.

[26] Zheng N, Liu Z, Ren P, et al. Hybrid-augmented intelligence: collaboration and cognition [J]. Frontiers of Information Technology & Electronic Engineering, 2017, 18 (2): 153-179.

4 智能电网物联网技术

4.1 引言

新能源发电的间歇性对电网的架构及运营产生了极大的冲击，随着可再生能源使用量的增加，整个电能的生态变得复杂，要求电网更加灵活和智能。与此同时，随着数字革命的不断深入，互联网经济、数字经济等社会形态发生了极大的变化，用户的市场需求促使电网亟须建立对接和匹配供需双方的平台，打造双边市场，从而提高用户的获得感和参与感。

复杂的电能生态要求新一代电力系统互联互通，且具有庞大的计算能力和预测能力，来平衡一切的变动。物联网是基于互联网、广播电视网、传统电信网等信息承载体，使所有被独立寻址的普通物理对象实现互联互通的网络。因此，针对未来能源趋势给电网带来的一系列需求，物联网成为行之有效的解决方案，电网逐渐变成物联网的重要表现形式之一，电力物联网应运而生。

电力物联网即是物联网技术在智能电网的发电、输电、变电、配电、用电、调度等各个环节的广泛应用，充分应用大数据、云计算、物联网、移动互联、人工智能、边缘计算等现代信息技术和智能技术，实现电力系统各个环节的万物互联、状态全面感知、信息高效处理和应用便捷灵活。在智能电网中引入物联网技术，有效整合电力系统基础设施资源和通信设施资源，为实现电力系统的智能化及电力流、信息流、业务流的一体化提供高可靠支持。智能电网和物联网的相互渗透和深度融合是信息通信技术发展到一定阶段的必然结果，必将引发新一轮电力工业技术革命，电力生产也将朝着更加高效、更加清洁、更加安全、更加可靠和智能交互的泛在化方向发展[1, 2]。

4.2 物联网基础

物联网是新一代信息技术的重要组成部分，顾名思义，"物联网就是物物相连的互联网"。这有两层意思：第一，物联网的核心和基础仍然是互联网，是在互联网基础上延伸和拓展的网络；第二，其用户端延伸和扩展到任何物品和物品之间，有利于信息交换和通信。因此，物联网的定义是通过射频识别（Radio Frequency Identification，RFID）、红外感应器、全球定位系统、激光扫描器等信息传感设备，按约定的协议，把任何物品和互联网相连接，进行信息交换和通信，以实现对物品的智能化识别、定位、跟踪、监控和管理的一种网络[3，4]。

物联网的概念最早于1999年由美国麻省理工学院提出。其发展至今，经历了3个有明显特征的阶段：

第一阶段（1999—2004年），基于射频识别技术的物联阶段，早期的物联网是指依托射频识别技术和设备，按约定的通信协议与互联网相结合，使物品信息实现智能化识别和管理，实现物品信息互联而形成的网络。

第二阶段（2004—2012年），基于局域网络的物联阶段，以无线传感网、单一行业应用等为代表，强调利用无线传感器、局域网络等实现物体与网络的连接，进行信息交换与共享。

其基本架构体系如图2-4-1所示，由3层组成，包括感知层、网络层和应用层。

感知层主要实现对物理世界的智能感知识别、信息采集处理和自动控制，并通过通信模块将物理实体连接到网络层和应用层。

网络层主要实现信息的传递、路由和控制，网络层可以依托公众电信网和互联网，也可以依托行业专用的通信网络。

应用层主要包括应用基础设施、中间件和各种物联网应用，实现物联网在众多领域的多样化应用。

第三阶段（2012年至今），基于互联网络的物联阶段，是物联网目前正在经历的阶段。随着物联网规模化、协同化发展趋势日益明显，其多元性、复杂性、综合性的特征逐渐凸显。联网设备的种类、数量、智能化水平突飞猛进。传统单一、封闭、内联的物联网系统很难满足发展需求，烟囱式建设模式带来的技术成本高、重复建设多、物体/信息共享难、系统互联互通互操作性差等问题成为发展瓶颈。打破传统垂

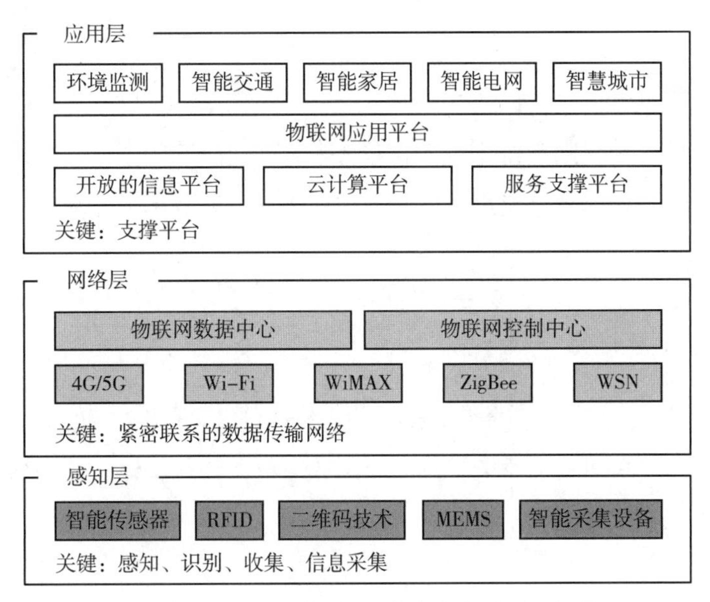

图 2-4-1　物联网的基本架构体系图

直应用的烟囱壁垒、建立支持万物互联的基础网络、形成跨区域跨行业互动的网络基础设施，成为这一阶段的发展特点。“开放物联”是这一阶段的重要标志，互联互通是这一阶段的本质需求。

2018 年 8 月 30 日，物联网及相关技术分技术委员会（ISO/IEC JTC 1/SC 41）标准项目《ISO/IEC 30141：2018 物联网 参考体系结构》正式发布，该物联网体系架构标准由我国主导提出并制定，体现了我国在物联网国际标准化领域的技术领先优势。该国际标准规定了物联网系统特性、概念模型、参考模型、参考体系结构视图（功能视图、系统视图、网络视图、使用视图等），以及物联网可信性。该国际标准的发布将为全球物联网实现提供体系架构、参考模型的总体指导，对促进国内外物联网产业的快速、健康发展具有重要意义。具体的基于域的物联网参考模型如图 2-4-2 所示[5]。

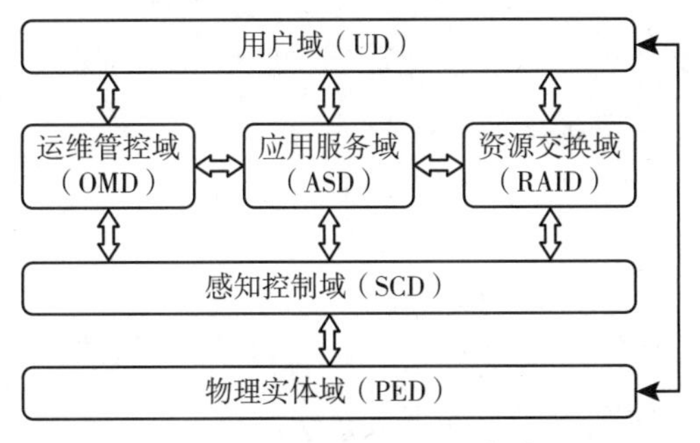

图 2-4-2　基于域的物联网参考模型

4.2.1 物理实体域

物理实体域由物联网系统中的不同类型物联网用户和用户系统的物理实体组成，具体是指物联网用户可通过用户系统及其他域的实体获取物理世界对象的感知和操控服务。

4.2.2 感知控制域

感知控制域由传感器和执行器组成，传感器监控物理实体域的各个方面，在网络环境和现实世界之间架起了桥梁。感知控制域还包含其他实体，包括网关、本地数据存储和本地服务——尤其是控制服务。

4.2.3 运维管控域

运维管控域负责实时供应、管理、监视和优化系统运行性能，通常包含操作支持系统和业务支持系统。

4.2.4 应用服务域

应用服务域是实现物联网基础服务和业务服务的软硬件系统的实体集合，该域可对感知数据、控制数据及服务关联数据的加工、处理和协同，为用户提供对物理世界对象的感知和控制服务的接口。

4.2.5 资源交换域

资源交换域是实现物联网系统与外部系统间信息资源的共享与交换，以及实现物联网系统信息和服务集中交易的软硬件系统的实体集合。该域可获取物联网服务所需外部信息资源，也可为外部系统提供所需的物联网系统的信息资源，以及为物联网系统的信息流、服务流、资金流的交换提供保障。

4.2.6 用户域

用户域是参与者，包括人类用户和数字用户。人类用户通过用户设备与服务交互，数字用户通过良好的接口与服务直接交互。

物联网的价值是通过技术的融合创新，把行业各种各样的事物连接起来，改善人与物的关联关系，从而解决行业问题和用户需求，本质是一种跨界的综合生态构建模式。而传统的物联网分层架构模式，只是简单的感知、网络、平台和应用等的叠加，难以有效指导和推进产业大规模发展。

“基于域的物联网参考模型”将物联网应用生态构建可能涉及的环节分为了6个业务区域，帮助物联网行业应用生态从顶层梳理清晰框架体系。在一个具体行业中全面应用物联网时，按照每一个域的定义和要求，厘清各域的涵盖要素以及域之间的关联逻辑，可以得到一个清晰的行业生态顶层框架，在此基础上进一步细化场景和商业模式。因此，对于指导一个行业的应用生态构建，以及考察生态完备性方面具有明显的优势。

4.3　电力物联网概念及体系架构

总的来说，电力物联网就是指电力生产、输送、消费各环节，广泛部署具有一定感知能力、计算能力和执行能力的各种感知设备，采用标准协议通过电力信息通信网络，实现信息的安全可靠传输、协同处理、统一服务及应用集成，从而实现从电力生产到电力消费全过程的全景全息感知、互联互通及无缝整合，实现从发电、输电、配电到用电的优化管理。

电力物联网的研究依托于信息通信领域的前沿技术，针对电网运行的特点和实际需求，以及电网的建设和发展方向，建立相应的技术体系。电力物联网与普遍意义上的物联网相比，将具备以下四方面的突出特征：可靠稳定、经济高效、规范标准、友好互动。

可靠稳定是电力物联网的必要前提。电力物联网是专用网，根据应用的需要可采用电力行业通信专网和新建的专用于电力物联网的通信网，在应急情况下可以部分采用公众通信网。原则上，电力物联网的绝大多数信息流只能在电力系统内部流动。由于电力物联网直接支撑电网业务，所以电力物联网很大程度上影响着电力系统的安全稳定运行，所以建设电力物联网必须要保证极高的安全性和可靠性。可靠、稳定、安全、准确的采集感知、通信传输、处理决策环节，是抵御多重故障、外力破坏、信息攻击、防灾抗灾的基础。

经济高效是物联网技术在我国智能电网中的发电、输电、变电、配电、用电等环节大规模应用的基本要求。通过物联网对信息进行整合及共享，可以为电网安全生产、高效运营提供技术手段。利用物联网技术可以实现全网资源和资产的全寿命周期管理，提高资产及投资利用率，提升电力企业的精益化管理水平。

规范标准是面向智能电网应用的物联网技术的发展理念。物联网的规范标准应能够为电网发展提供长期的、广泛的先进技术支撑，并且可以充分利用电网资源向社会提供附加增值服务，适应技术进步要求和需求的变化。

友好互动是面向智能电网应用的物联网技术的主要特征之一。这有两方面原因：一是物联网技术能够依据多维状态信息，为智能电网提供辅助决策依据；二是在保证电网安全的条件下，物联网技术可以为智能电网提供双向的交互手段，激励电源侧、用户侧主动参与电网的安全运行，实现发电及用电资源的优化配置。同时，电力物联网也是用户受限的，具有严格的用户身份识别、验证、鉴权制度，不同用户享受不同等级的物联网服务。

在能源互联网的发展趋势下，新一代电网，将是适应新能源高比例接入、新型用能设备广泛应用，集成先进输电、大规模储能、新能源友好并网、源网荷储互动、智能控制等先进技术，具有广泛互联、智能互动、灵活柔性、安全可控、开放共享特征的新型泛在电力物联网系统。

“泛在”的本质是一切的数字化，电力在时域和空域将不受限制地触及全部的人和物，由此形成的电力物联网把模拟信号升级为数字信号，从而量化和计算一切，直至所有的产品和解决方案都被融入到清晰可控的服务中[6, 7]。

泛在电力物联网是泛在物联在电力行业的具体表现形式和应用落地，体现了技术的创新，也体现了管理理念和管理思维的创新。泛在电力物联网将电力用户及其设备、电网企业及其设备、发电企业及其设备、供应商及其设备、电力客户及其设备以及人和物连接起来，产生共享数据，为用户、电网、发电、供应商和政府社会服务；以电网为枢纽，发挥平台和共享作用，为全行业和更多市场主体发展创造更大的机遇，提供价值服务。

目前，在物联网传统的架构体系的基础上，提出电力物联网的四层架构体系，如图 2-4-3 所示，分为感知层、网络层、平台层和应用层[8]。

感知层是实现电力物联网全面感知的核心能力，广泛覆盖的移动通信网络层是实现电力物联网的基础设施，平台层位于感知层和网络层之上，处于应用层之下，是物联网的核心。在服务器集群或者数据中心的环境下，平台层的作用是将网络内海量的信息资源通过强大的计算能力整合成一个可互联互通的大型网络，解决数据存储、检索、使用、挖掘和安全隐私保护等问题。平台层提供信息处理平台，实现海量数据信息的深度挖掘应用，应用层将物联网与各专业技术进行协调融合，丰富了电力物联网的广泛应用。应用层将根据应用类型和场景在综合信息数据库中提取所需数据，采集到的数据汇集在云平台，服务于多种多样的业务需求，促进用能形式的改变，提升电网的智能化水平。新一代的泛在电力物联网，将提供包括电网业务、能源互联网业务、新型互联网业务等在内的多样化应用业务，实现资源优化、服务聚合和个性化定制，促进用电方式和形式的改变，实现电力的便捷、绿色和高效使用。

由物联网体系架构的演变可见，随着电力物联网建设的逐步成熟，未来的电力物联网体系架构也将朝着以“域”为主导的方向发展，从而有效指导和推进电力行业的大规模发展。

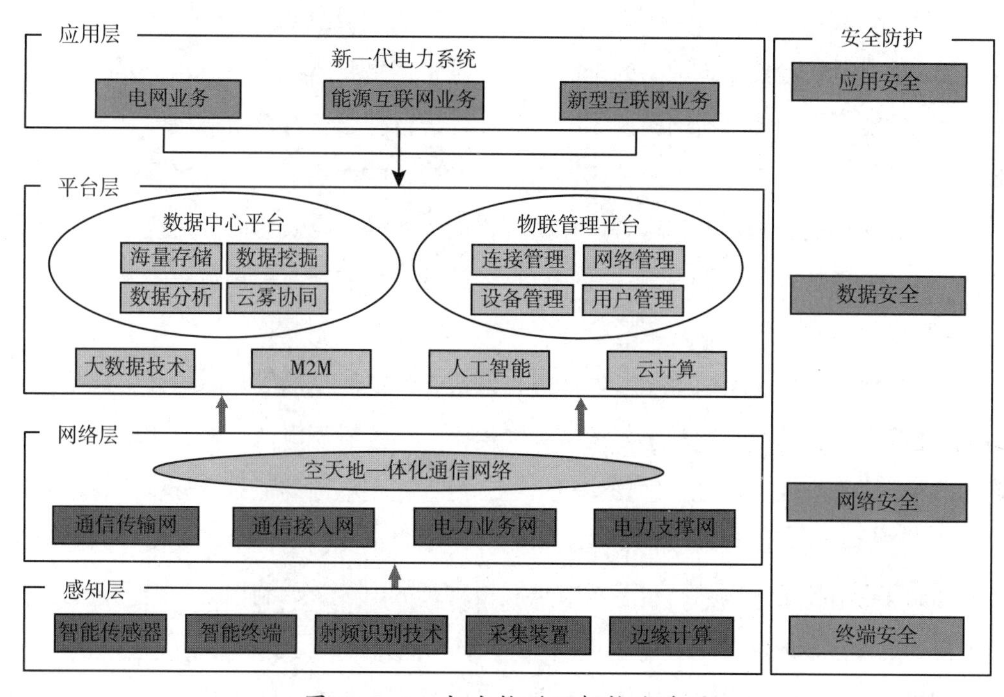

图 2-4-3　电力物联网架构体系图

4.4　电力物联网关键技术

4.4.1　电力物联网感知层关键技术

在电力物联网中，感知层主要由部署在各个感知对象的若干感知节点组成，这些感知节点通过自组织方式组建感知网络，实现对物理世界的智能协同感知、智能识别、信息采集处理和自动控制等。感知层的关键技术包括智能传感器、射频识别技术、智能芯片等。同时，由于终端数量的增多，大规模智能终端采集得到海量数据。针对海量数据的传递、计算及存储的实时需求，传统的云计算呈现越来越多的不足。因此，面向边缘设备所产生海量数据计算的边缘计算模型应运而生。

4.4.1.1 智能传感器

作为与外界环境交互的重要手段和感知信息的主要来源，智能传感器是指具有信息采集、信息处理、信息交换、信息存储功能的多元件集成电路，是集成传感芯片、通信芯片、微处理器、驱动程序、软件算法等于一体的系统。智能传感器由经典传感器和微处理器两个中心单元构成[9]。

智能传感器相比于传统的传感器有多种优点，使其更能适应于电力物联网的应用，以实现对电网运行信息数据的全面感知和采集，主要体现在以下几个方面：自补偿和计算功能可以为传感器的温度漂移和非线性进行补偿；自诊断功能可以对于外部环境条件引起的工作不可靠以及传感器内部故障造成的性能下降实现报警；现场学习功能利用嵌入智能和先进的编程特性相结合，能为各种场合快速而方便地设置最佳灵敏度；数值处理功能能根据内部的程序自动处理数据，实现对采集数据的预处理，从而减轻数据集中处理的计算资源的压力。

智能传感器除了使用内置微型电池进行供电，还能够从周围环境中收集能量，并将其转化为电能，从而实现传感器的持续自供电。内置微型电池供电方式可以使传感器的部署灵活、方便，但是传感器体积微小，内置微型电池的能量十分有限，不能满足长期工作的需要，而且在一些特殊的电力环境中定期更换电池也不现实，因此，结合环境能量收集技术可以使得传感器节点获得持续的电能，如利用太阳能发电、微风发电、感应取电等。

利用太阳能发电技术为智能传感器进行供电是解决智能传感器能量消耗问题的重要手段，一些应用在户外的传感器装置，若对体积无具体要求，且安装位置固定，便可采用太阳能电池供电方式。微风发电又称为“轻风启动、微风发电”，发电原理与传统的风力发电相同，利用风力发电机实现，一般体积较小，应用在开阔的室外环境中。

感应取电技术主要指基于电磁感应定律，利用高压线路周围的交变磁场来提取电能，从而实现从输电线路上提取能量为智能传感器提供能量。在电网中也有很多应用环境中都存在电磁场，因此还可以通过磁电供能技术进行供电，主要利用磁致伸缩原理，将空间的电磁场能量转换为机械能，再利用磁电效应将机械能转换为电能来为智能传感器提供能量[1]。

智能传感器大量部署在电力系统中，能够协作地感知、采集各种环境或监测对象信息，抽象环境或物体对象的状态，在多种场合满足智能电网发电、输电、变电、配电、用电等重要环节上信息获取的实时性、准确性、全面性等需求，可以实现有效的电网态势感知，为提高电网规范化管理能力提供有效支撑[6]。

4.4.1.2　射频识别技术

射频识别技术是一种自动识别技术，它利用射频信号通过空间电磁耦合实现无接触信息传递并通过所传递的信息实现物体识别。射频识别技术系统主要由三部分组成：电子标签（Tag）、读写器（Reader）和天线（Antenna）。其中，电子标签芯片具有数据存储区，用于存储待识别物品的标识信息；读写器是将约定格式的待识别物品的标识信息写入电子标签的存储区中（写入功能），或在读写器的阅读范围内以无接触的方式将电子标签内保存的信息读取出来（读出功能）；天线用于发射和接收射频信号，往往内置在电子标签和读写器中。

射频识别技术的工作原理是：电子标签进入读写器产生的磁场后，读写器发出的射频信号，凭借感应电流所获得的能量发送出存储在芯片中的产品信息（无源标签或被动标签），或者主动发送某一频率的信号（有源标签或主动标签）；读写器读取信息并解码后，送至中央信息系统进行有关数据处理[10]。

由于射频识别技术具有无须接触、自动化程度高、耐用可靠、识别速度快、适应各种工作环境、可实现高速和多标签同时识别等优势，因此可用于广泛的领域。以射频识别技术系统为基础，结合已有的网络技术、数据库技术、中间件技术等，可以构建一个比 Internet 更为庞大的物联网，这成为射频识别技术发展的趋势。

4.4.1.3　微机电系统技术

微机电系统（Micro Electro Mechanical Systems, MEMS）概念于 20 世纪 80 年代末提出，一般泛指特征尺度在亚微米至亚毫米范围的装置。

MEMS 技术是一种全新的必须同时考虑多种物理场混合作用的研发领域。完整的 MEMS 是由微传感器、微执行器、信号处理和控制电路、通信接口和电源等部件组成的一体化的微型器件系统。其目标是把信息的获取、处理和执行集成在一起，组成具有多功能的微型系统，并集成于大尺寸系统中，从而大幅度地提高系统的自动化、智能化和可靠性水平。

MEMS与传统机械相比，除了在尺度上很小外，它将是一种高度智能化、高度集成的系统。同时在用材上，MEMS突破了原来的以钢铁为主，而采用硅、砷化镓、陶瓷及纳米材料，具有较高的性价比及较长的使用寿命。MEMS还具有极大的学科交叉性：微型元器件的制造涉及设计、材料、制造、测试、控制、能源以及连接等技术。MEMS的研究除了上述技术外，还需要元器件的集成、装配等组装技术，同时会涉及材料学、物理学、化学、生物学、微光学、微电子学等学科作为理论基础。同时，为了掌握MEMS的各种机械、力学、传热、摩擦等方面的性能，还必须建立微机械学、微动力学、微摩擦学等新的理论、新的学科。

4.4.1.4 边缘计算

近年来，随着万物互联的不断深入，传统的云计算出现了实时性不够、带宽不足、能耗较大、不利于数据安全和隐私的缺点。为了解决以上问题，面向边缘设备所产生海量数据计算的边缘计算模型应运而生。边缘计算是在网络边缘执行计算的一种新型计算模型，操作的对象包括来自云服务的下行数据和来自万物互联服务的上行数据，而边缘计算的边缘是指从数据源到云计算中心路径之间的任意计算和网络资源。

边缘计算具有以下5个特点：①分布式和低时延，边缘计算聚焦实时、短周期数据的分析，能够更好地支撑本地业务的实时智能化处理与执行；②效率更高，由于边缘计算距离用户更近，在边缘节点处实现了对数据的过滤和分析，因此效率更高；③更加智能化，AI和边缘计算的组合让边缘计算不止于计算，更多了一份智能化；④更加节能，云计算和边缘计算结合，大大降低了单独使用云计算的成本；⑤缓解流量压力，在进行云端传输时通过边缘节点进行一部分简单数据处理，进而能够缩短设备响应时间，减少从设备到云端的数据流量。

相较于云计算，边缘计算模型具有以下3个明显的优点：①在网络边缘处理大量临时数据，不再全部上传云端，这极大地减轻了网络带宽和数据中心功耗的压力；②在靠近数据生产者处做数据处理，不需要通过网络请求云计算中心的响应，大大减少了系统延迟，增强了服务响应能力；③边缘计算将用户隐私数据不再上传，而是存储在网络边缘设备上，减少了网络数据泄露的风险，保护了用户数据安全和隐私。

边缘计算模型和云计算模型并不是取代的关系，而是相辅相成的关系。边缘计算需要云计算中心强大的计算能力和海量存储的支持，而云计算中心也需要边缘计算中边缘设备对海量数据及隐私数据的处理。

4.4.2　电力物联网网络层关键技术

网络通信是电力物联网的关键，通信保证电力物联网感知的大量信息进行有效交换和共享，从而基于感知层获取的丰富数据实现多层次的物联网应用。电力物联网的网络通信已经形成了以多种通信方式并存、分层分级为主要特征的电力专用通信网络体系架构，可以为各类电力用户的用电信息、电力设施状态的采集提供可靠、稳定的传输路径。

网络层按照业务功能划分为电力通信传输网、电力通信接入网、电力业务网和电力支撑网[11]。

4.4.2.1　电力通信传输网

电力通信传输网以光纤通信为主，微波、载波、卫星等多种传输方式并存的局面。随着光纤通信技术的不断发展，各级电力光传输网络已经实现了互联互通，一级骨干通信网形成了“三纵四横”的网架结构，华中、华东、东北、华北、西北五大区域建成了结构清晰、层次分明的骨干光纤环网，使得电网通信系统的传输交换能力、抵御事故能力、对业务的支撑能力、网络的安全可靠性和运行管理水平得到了全面提升。骨干通信网采用了同步数字序列、多生成树协议（Multiple Spanning Tree Protocol，MSTP）、波分复用（Wavelength Division Multiplexing，WDM）、光传送网、分组传送网等多种传输技术，形成了以2.5Gbps和10Gbps为主的SDH光传输网络，重点用于承载电力调度及生产实时控制业务。

4.4.2.2　电力通信接入网

接入网是电力传输通信网的延伸，具有业务承载和信息传送功能。10kV通信接入网主要覆盖10kV配电网开关站、配电室、环网单元、柱上开关、配电变压器、分布式能源站点、电动汽车充电站、10kV配电线路等。作为电力通信网接入层公共平台，主要承载配电自动化、电动汽车充电站、用电信息采集系统远程通信、电力光纤到户等通信业务。10kV通信接入网主要随城市配电自动化及营销系统配套建设，承载配电自动化、配变监测、用电信息采集等业务。在目前实时的配电自动化项目中，10kV通信接入网主要采用了公用移动通信（GPRS、CDMA）、中压电力线载波、光纤专网等多种通信方式。光纤专网通信方式包括光调制解调器（MODEM）、工业以太网、无源光网络等技术。

0.4kV 通信接入网主要覆盖 10kV 配电变压器至用户电表、电动汽车充电桩、分布式能源站点等，并延伸至用户室内，为用户实现双向互动用电服务、智能家电控制及增值业务服务，主要承载用户用电信息采集本地通道、电力光纤到户等业务。0.4kV 通信接入网采用 230MHz 专用频率和电力线窄带通信 PLC 技术，目前由于光纤通信高速、稳定可靠、抗干扰能力强等特点，利用光纤复合低压光缆技术，将光纤随低压电力线敷设，配以无源光网络 PON 技术，实现电力光纤到户，有效解决信息高速公路的“最后三百米”问题。0.4kV 通信接入网主要应用于用电信息采集业务，包括售电抄表、售电营业、客户服务、电力需求侧管理、负荷监控和电能采集管理等。它按使用对象划分为专用变压器用户采集和公用变压器用户集中采集，按网络结构划分为远程通信信道和本地通信信道。

4.4.2.3 电力业务网

电力业务网包括调度数据网、行政交换网、综合数据网、调度交换网、信息广域网，以及远动、雷电定位等网络服务。其中电力调度数据网是电网调度自动化、管理现代化的基础，是确保电网安全、稳定、经济运行的重要手段，是电力系统的重要基础设施，在协调电力系统发、送、变、配、用电等组成部分的联合运转及保证电网安全、经济、稳定、可靠的运行方面发挥了重要的作用，并有力地保障了电力生产、电力调度、水库调度、燃料调度、继电保护、安全自动装置、远动、电网调度自动化等通信需要，在电力生产及管理中的发挥着不可替代的作用。综合数据网主要用于传输企业资源计划（Enterprise Resource Planning，ERP）、办公自动化（Office Automation，OA）、电能质量监测系统、变电站视频监控系统及财务、营销等管理信息业务。国家电网公司行政交换网主要面对生产管理、行政办公、营销服务、运行检修、应急指挥等系统需求，利用电路交换网络提供业务，IP 多媒体子系统（IP Multimedia Subsystem，IMS）作为下一代行政交换网的进一步方向。IMS 是第三代合作伙伴计划（3GPP）在 R5 版本中提出的提供 IP 多媒体业务的交换网技术。IMS 实现了承载层、控制层、业务层互相分离，承载层主要完成 IMS 信令及媒体流量的承载和路由选择；控制层主要完成呼叫控制、用户管理、业务触发、资源控制、网络互通；业务层可细分为业务能力层和应用层，其中业务能力层主要提供各种各样的业务能力。IMS 引入了 API 技术，将电信网内复杂的网络结构和网络协议进行屏蔽，并将电信网的资源和能力抽象成具体的 API，并开放给业务开发者。业务开发者通过灵活地调用这些 API 开发出具体的业务。调度交换网是电网安全、稳定运行的重要指挥系统，是电网的中枢神经，电网调度的安全是电网运行的可靠保障。实现调度中心迅速可靠地与电网内下一级调度中心、发电厂、变电站、运行维护中心等部门的调度联系。为了电网安全、稳定、正常运行和对电力用户安全可靠供电，要求电力调度中心利用电力调度交换网络迅速处理时刻变化的大量运行信息，正确下达调度指令。

4.4.2.4　电力支撑网

一个完整的通信网络除了有以传递信息为主的业务网外，还需要有若干个用以保障业务网正常运行、增强网络功能、提高网络服务质量的支撑网。支撑网用于传递相应的监测和控制信号。支撑网包括同步网、信令网、传输监控网、管理网等。同步网在数字网中用来实现数字交换机之间、数字交换机和数字传输设备之间时钟信号速率的同步。信令网专用来实现网络中各级交换局之间的指令信息的传递。传输监控网用来监视和控制传输网络中传输系统的运行状态。管理网主要用来观察、控制通信服务质量并对网络实施指挥调度，以充分发挥网络的运行效益。

1）信令网

信令网是公共信道信令系统传送信令的专用数据支撑网，一般由信令点（Signaling Point，SP）、信令转接点（Signaling Transfer Point，STP）和信令链路组成。

信令网可分为不含STP的无级网和含有STP的分级网。无级信令网的指令点间都采用直连方式工作，因此又称为直连信令网。分级信令网的信令点间可采用准直连方式工作，因此又称为非直连信令网。

2）同步网

同步网是为通信网中的所有通信设备的时钟（或载波）提供同步控制（参考）信号，以使它们同步工作在共同速率上的一个同步基准参考信号的分配网，是通信网运行的支持系统之一。同步网分为模拟同步网和数字同步网。电网公司主要采用由主基准时钟（Primary Reference Clock，PRC）和非自主基准时钟（Local Primary Reference，LPR）相结合的多基准时钟控制混合数字同步网。

同步网的功能就在于使网内全部数字交换设备的时钟频率相同，以消除或减少滑码，同步网处于数字通信网的最底层，负责实现网络节点设备之间和节点设备与传输设备之间信号的时钟同步、帧同步及全网的网同步，以保证地理位置分散的物理设备之间数字信号的正确接收和发送。目前数字网的网同步方式主要有准同步方式、主从同步方式、互同步方式。

3）管理网

管理网是为了保持通信网正常运行和服务，对其进行有效地管理所建立的软、硬件系统和组织体系的总称，是现代通信网运行的支撑系统之一。总之，管理网是一个综合的、智能的、标准化的通信管理系统。

管理网主要由网络管理系统、维护监控系统等组成，包括操作系统、工作站、数据通信网、网元，其中网元是指网络中的设备，它可以是交换设备、传输设备、交叉连接设备、信令设备。为增强电力通信网的分级管理，电力公司内部各级通信传输网、业务网建设中应同时配套建设专业网管系统。

4.4.3 电力物联网平台层关键技术

平台层主要用于对感知层感知的信息根据不同的应用与业务需求进行分析和处理，通过采用智能计算、模式识别等技术实现对电网信息的综合分析和处理，实现智能化的决策、控制和服务，提升电网的智能化水平。在平台层方面，研究海量数据价值深度挖掘技术，建立统一数据模型，建立健全数据管理体系，建立数据中心平台。数据中心平台将应用人工智能、数据高效挖掘、云雾计算协同等实现电网综合信息的分析和处理，为实现智能化的决策、控制和服务提供基础。打破传统的纵向且数据仅为单一业务服务的结构，构建水平化的开放数据共享模式，实现各类采集数据“一次采集，处处使用”；研究超大规模终端统一物联管理技术，研究提升数据高效处理和云雾协同能力，构建物联管理平台。物联管理平台将通过连接、网络、设备、用户的全方位管理，全面提升精细化的物联管控水平，实现超大规模终端的物联管理。

物联管理平台的建立有效提高设备连接管理能力、数据融通和高效处理能力以及应用和终端赋能，数据中心平台的建立使得电力大数据治理水平持续提升，实现电力大数据共享与开放过程中的安全管控，通过图计算、时序数据处理和知识图谱构建，解决现有应用系统实时响应能力不足和数据割裂问题。平台层帮助提升面向行业内外的跨领域智能分析应用水平，实现大数据应用组件与分析成果的开放共享，按照“一平台、一系统、多场景、微应用”核心理念，构建数据中台、区块链等基础设施，实现对分布式数据中心基础资源的管控和全局资源统一调度，快速响应业务需求、支撑业务创新[12~14]。

4.4.3.1　云计算技术

云计算是分布式计算、并行计算和网格计算的发展，或者说是这些计算机概念的商业实现。云计算通过共享基础资源（硬件、平台、软件）的方法，将巨大的系统连接在一起以提供各种 IT 服务。用户可以在多种场合，利用各类终端，通过互联网接入云计算平台来共享资源。云计算是分布式处理、并行处理和网格计算的融合和发展，它的基本原理是把计算分布在大量的分布式计算机上，而非本地计算机或远程服务器中，用户根据需求访问计算和存储系统。“云”就是计算机集群，每一群包括几十万台；甚至上百万台计算机。这种新型的计算资源的组织、分配和使用模式，有利于合理配置计算资源并提高其利用率。

云计算的众多优点，使得电力物联网的各种应用都可以建立在云计算平台上。电力物联网将连接数量惊人的传感器，采集到的数据量巨大，使用云计算对这些数据进行处理、分析、挖掘、存储，可以更加迅速、准确、智能地对物理世界进行管理和控制，从而达到“智慧”的状态，大幅提高资源利用率和社会生产力水平，减少能源消耗。与此同时，物联网也将成为云计算的最大用户，促使云计算取得更大的商业成功。

4.4.3.2　大数据技术

大数据是一种规模大到在获取、存储、管理、分析方面大大超出了传统数据库软件工具能力范围的数据集合。它的数据规模和传输速度要求很高，并且具有结构多样性，为了获取大数据中的价值，需要通过专门的分析方式来处理。

数据挖掘是大数据技术的关键部分，它是指从数据库中发现潜在有用的、新颖的、可理解模式的高级处理过程，利用确定的算法从准备好的数据中挖掘、提取有用知识的过程。数据挖掘主要由数据选择、数据预处理、数据挖掘算法、知识表达与解释等步骤组成，具体流程如图 2–4–4 所示。

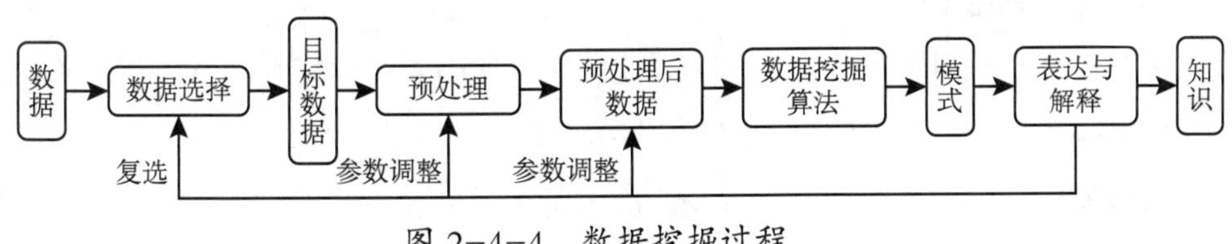

图 2–4–4　数据挖掘过程

数据挖掘的方法主要有：统计分析方法、决策树、神经网络算法、遗传算法、粗糙集方法、联机分析处理技术等。

电力物联网中大数据技术的应用有明显的特点。一方面，电力物联网数据的异构性十分突出，感知层产生的数据来自各种设备和环境，无法用特定统一的模型来描述，这种海量多源异构数据的挖掘是目前电力物联网数据挖掘的一个难题，严重影响着电力物联网应用中的数据汇总分析和处理工作；另一方面，由于大量的电力物联网数据储存在不同的地点且需要实时处理，一般采用分布式的数据挖掘办法，先将数据分散在辅助节点对数据进行过滤、抽象和压缩等预处理，之后将预处理后的信息集合交由全局结点做进一步处理。

随着物联网技术的日益成熟，大数据也在物联网技术的带动下发展到了新高度。物联网和大数据之间的关系是相辅相成的：一方面物联网催生了大数据。各种不同领域的传感设备和终端设备被广泛部署，将各种各样的物理信息转换为电信号，未来物联网产生的数据量可能呈现指数型增长，这些来自物联网设备的数据是大数据的重要来源之一；另一方面，大数据丰富了物联网应用。物联网是大数据潜在应用价值得以体现的重要领域，很多物联网技术的应用中都可以用到大数据技术，从而带来更加良好的用户体验，让物联网应用更加丰富多彩。

4.4.3.3 人工智能技术

人工智能是探索研究使各种机器模拟人的某些思维过程和智能行为，使人类的智能得以物化与延伸的一门学科，可分为计算智能、感知智能和认知智能 3 个层次：计算智能是使机器 / 计算机具有高性能运算能力，甚至超越人的计算能力处理海量数据。感知智能是使机器能够像人一样对周围环境进行感知，包括听觉、视觉、触觉等，语音识别和图像识别即属于这一范畴。认知智能是使机器具有人类的理性思考能力，并做出正确决策判断。三种能力的融合最终让机器实现类人智慧，以全面辅助甚至替代人类工作。该领域的研究包括专家系统、模糊逻辑、进化计算、机器学习、计算机视觉、自然语言处理等。目前，人工智能算法的开发和模型的构建有多种，例如知识图谱、群体智能和机器学习技术等。

知识图谱是一种通过不同知识的关联性所形成的网状知识结构。基于知识图谱的交互探索式分析，机器可以模拟人的思考过程去发现、求证、推理。

群体智能是一种由许多简单个体通过协作所呈现出的集体智能行为。它通过各种随机因素结合元启发性规则，使群体中的多个个体同时对解空间进行并行搜索，利用群体中个体的相互协作与竞争来实现问题的最优解。

机器学习涉及统计学、系统辨识、逼近理论、神经网络、优化理论、计算机科学、脑科学等诸多领域。可分为传统机器学习和现代机器学习两大部分。传统机器学习包括神经网络、支持向量机、专家系统、集成学习、聚类分析、贝叶斯网络、决策树和概率图等；现代机器学习包括深度学习、强化学习、迁移学习、对抗学习、平行学习和混合学习等。

在物联网中，人工智能技术主要负责分析物品所承载的信息内容，从而实现计算机自动处理。在此基础上，物联网能够更多地将人类“思维”融入系统中，并将其广泛的应用在各个领域，更好地满足不同用户的需求。

4.5　电力物联网国内外发展现状

自从物联网概念问世以来，物联网产业和应用发展备受关注，各国纷纷抓住机遇，出台鼓励政策、进行战略布局，力求在新一轮信息革命浪潮中抢占先机，物联网逐渐成为各国提升综合竞争力的重要手段。

4.5.1　电力物联网国外发展概况

4.5.1.1　美国电力物联网发展概况

美国在物联网产业的发展上具有较高的起点和优势地位。在物联网技术的研究开发和应用方面，美国一直居世界领先地位，新一代物联网、网格计算技术等也首先在美国开展研究，这些技术将为电力物联网发展奠定良好的基础。

美国对于物联网技术在智能电网领域的应用上，早在2008年，美国科罗拉多州的博尔德市就开始建设全美第一个“智能电网”城市。其主要技术路线包括：构建配电网实时高速双向通信网络；建设具备远程监控、准实时数据采集通信以及优化性能的“智能”变电站；安装可编程家居控制装置和自动控制家居用能的管理系统；整合基础设施，支持小型风电和太阳能发电、混合动力汽车、电池系统等分布式能源和储能设施的建设。美国智能电网侧重于配电侧和用电侧，主要技术手段有加大储能技术的研发示范力度，积极推广插电式混合动力汽车，为用户安装智能电表，实现分布式可再生能源的并网运行等。2010年，663家美国电力公司为用户安装智能电表2000万只，而截至2015年已安装3500万台，覆盖其电力用户的1/3，在2012年6月的德雷科（Derecho）飓风中，查塔努加电力局通过智能电表与负荷开关配合，减少了至少一半的停电事故，避免了5800万分钟的用户停电时间。在新能源发展领域，2014年，美国政府发布多项政策推动太阳能、海洋能等可再生能源发展。比如，截至2014年5月，美国政府已在联邦建筑大楼能源效率领域注资超过20亿美元，绝大部分投入到光伏系统中。迪比克市合作的城市系统控制室率先完成了供水、电力资源的数据建设，给全市住户和商铺安装数控水、电计量器，不仅记录资源使用量，还利用低流量传感器技术预防资源泄漏，仪器记录的数据会及时反映在综合监测平台上，以便进行分析、整合和公开展示。根据美国能源部输配电办公室的“Grid 2030”远景规划，重点关注分布式发电、可再生能源、广域信息量测、大系统优化等领域的研究和发展，将在2020年实现半数的电力由智能电网输送，而在2030年时建成横跨北美大陆的国家超导输电骨干网，实现美国东西海岸间的电力交流。

美国凭借其在互联网时代积累起来的在芯片、软件、互联网和高端应用集成等领域强大的技术优势，在军事、电力、工业、农业、环境监测、建筑、医疗、企业管理、空间和海洋探索等领域大力推进RFID、传感器和M2M等应用，在物联网领域已取得明显的成效[15]。

4.5.1.2 欧盟电力物联网发展概况

作为世界上最大的区域性经济体，欧盟建立了相对完善的物联网政策体系，得益于系统的规划和政策支持，欧盟物联网应用正如火如荼开展，欧盟各国的物联网应用集中在电力、交通、物流等领域。

针对市场、安全与电能质量、环境等三方面带来的现实问题，欧洲电网建设比美国更为关注可再生能源的接入。为适应可再生电源和分布式电源发展要求，实现电源“即插即用”的更友好、更灵活的接入方式，以及与用户互动，提出了以物联网技术为基础的电网建设规划。2006年3月8日，欧盟理事会的能源绿皮书《欧洲可持续的、竞争的和安全的能源策略》明确强调，欧洲已经进入一个新能源时代[14]。目前，欧盟各国对智能电网技术的发展普遍表现出很高的积极性，特别是将大西洋的海上风电、欧洲南部和北非的太阳能融入欧洲电网，开展了各具特色的智能电网研究和试点项目，英法德等国家着重发展泛欧洲电网互联，实现供应侧对需求侧负荷变化的及时调节。欧洲电网还将与当地政府合作在西班牙南部城市雷亚尔港开展智能城市项目试点，接入大量分布式微型发电装置——住宅太阳能光伏发电装置、家用燃气热电联产装置等。作为电力物联网感知层的关键设备，智能电表受到欧洲多数国家重视。意大利国家电力公司负责启动了欧盟11个国家25个合作伙伴联合承担的ADRESS项目，于2019年前完成为英国3000万户住宅及商业建筑物安装5300万台智能电表的计划，几乎涉及英国所有住宅和商业建筑物。

4.5.1.3　日本电力物联网发展概况

日本是较早启动物联网技术研究和应用示范的国家之一，还是世界上第一个提出“泛在网”战略的国家。日本在新一代信息化战略中，将物联网作为重要的发展内容，力求实现“让数字信息技术融入每一个角落”。

在物联网运用电力方面，日本结合自身的国情，构建以对应新能源为主的智能电网，于2010年开始，在孤岛进行大规模构建智能电网试验，主要验证在大规模利用太阳能发电的情况下，如何统一控制剩余电力和频率波动，以及蓄电池等课题。2016年6月，日本中部电力公司和日本电气股份有限公司合作，通过物联网技术支持火力发电厂，通过装设在火电厂的传感器和累积的大量数据，针对火电厂的设备故障、发电效率下降、温度、压力等因素进行分析。

日本希望通过物联网的发展振兴其信息产业，因此，日本最早提出了泛在网的概念，时至今日，日本物联网应用主要在交通、监控、远程支付、物流辅助、抄表等领域。未来，随着物联网产业的进一步发展，预计日本的物联网应用范围会进一步扩大[16]。

4.5.1.4　韩国电力物联网发展概况

从1997年至今，韩国政府推出了一系列信息产业发展政策，以推进韩国的信息化建设。

韩国物联网的应用较为广泛，在智能电网领域，韩国智能电网工程在智能用电、智能电力服务和智能电力网等方面推动技术创新，探索新的商业模式。现阶段，韩国正在积极普及智能电表，认为智能电表是实现用户端能源利用效率最优化手段，为此，韩国积极引导能源消费方式转变，提出未来高级计量基础设施的发展方向和基本运营模式，与现有的自动抄表系统（Automatic Meter Reading，AMR）融合，促进形成开放式的计量系统。2010年年底，韩国在首都圈等地安装智能电表约2万台。

整体而言，韩国希望通过构建物联网，达到4S目标——安全（Safe）、智慧（Smart）、强大（Strong）、永续（Sustainable）。此外，韩国各界对由物联网带来的经济效果寄予厚望，各级政府与公共机构以及民间企业积极投资，物联网及其对其他产业如教育、交通、公共安全、医疗、金融等的带动，将会产生巨大的经济和社会效益[16, 17]。

4.5.2　电力物联网国内发展概况

在能源互联网的发展趋势下，国内电力物联网的建设以电力系统为核心和纽带，通过广泛应用多样化的数据采集和挖掘，大幅提升能源系统的灵活性、适应性、智能化和运营管理水平，大幅提高接受波动性可再生能源的能力，通过多能协同互补满足终端用户多种能源需求，大幅提高能源综合利用效率，助力能源转型。

依据电力物联网的体系架构，我国电力物联网建设一直在电网监测、自动控制、状态分析、网络建设等方面开展相关的探索与应用，其中在智能电表研发、实物"ID"建设、营配贯通业务优化、智慧物联平台建设、新能源消纳、智慧能源服务系统搭建、光伏云网建设、车联网应用等方面取得了较为突出的成效。

4.5.2.1 新一代智能电表

智能电表是电力用户感受电网先进成果的主要途径，也是法制计量、高效管理、优质服务的重要手段，是能源互联网实现多元信息交互的关键终端。当前，电子行业、制造行业及信息技术的高速发展为电能表的创新管理带来无限的可能，现有的智能电表的单一化管理功能与新形势下各类业务、服务日益增长的需求之间的矛盾越发突出，因此，在吸取智能电表长期运行积累的经验基础上，结合"大、云、物、移、智、链"新技术，国家电网公司开展了新一代智能电表研究。目前已经对智能电表部分功能进行了试点应用，取得较好的应用效果。随着近十年来用电信息采集系统的全面铺开建设，智能电能表已基本实现全采集、全覆盖，在运行的智能电表已达 4.6 亿只，指导用户科学、合理地用电。新一代智能电表连接用户侧新型智能设备，实现设备数据的感知、采集和控制，满足智慧能源服务系统建设需求。

以国网天津市电力公司为例，该公司通过研发应用新型智能电表，创新构建了状态全面感知、信息高效处理、接入便捷灵活的智能量测系统。这种新型的智能电表具有计量误差诊断、非侵入式量测高级分析、停复电主动上报"三重"功能，采用模块化设计和即插即用安装，可实时采集家庭用电负荷种类及各种电器消耗分电量信息，为各类客户提供节能指导等服务，实现客户平均节能 10% 以上的目标。目前，公司已为一个小区的居民客户更换了具备智能负荷辨识功能的新一代智能电表，实现大范围实地改造，为客户提供了智慧便捷的用电服务。

除天津外，江苏南京市已试运行了居民用户用电负荷辨识智能电能表，并借助手机应用、调查问卷等方式与用户开展互动，验证电能表识别的电器用电信息与用户真实用电情况是否一致，为提升负荷辨识精度、开展小功率电器辨识等提供数据支持。

新型智能电表智能量测系统利用配用电线路、通信专网、业务系统和海量客户用电数据等优势资源，广泛融合泛在电力物联网、云计算等理念，综合应用非侵入式负荷辨识、误差在线监测、停复电上报、电力客户个性化能效评估及节能、用电监测等技术，对客户用电信息进行整合分析和数据挖掘，指导用户调整优化用电方式，未来会有更大的发展空间。

4.5.2.2　实物"ID"建设

为了进一步深化资产的全寿命周期管理，国家电网公司开展了电网资产统一身份编码（简称实物"ID"）建设，通过赋予设备终身唯一的身份标识，贯通资产全寿命管理各业务环节，打破信息共享壁垒，夯实泛在电力物联网建设基础，提升资产全寿命周期管理水平。24位组织特征码的电网资产实物"ID"编码，与现有专业编码并存、不冲突、不取代，确定了以二维码和RFID标签作为编码的可用载体。

国网湖南电力公司针对管理链条长、设备周期寿命长、实物变动与价值变动频繁等工作难题，自2018年3月展开电网财物实物"ID"建造与使用作业。目前，已累计完结ERP、PMS2.0、微使用、微服务4个体系共26项功用点的改造，完结增量设备贴签13021余台，存量设备贴签46000余台。通过电网资产实物"ID"建设及应用，完成"实物ID"辅助管理系统与其他核心业务管理信息系统的互联互通。依托全业务数据中心，充分应用大数据、云计算、物联网、移动技术等信息化手段，在物资、运检、财务、建设等专业重点推进了移动收发货、移动运检、智能盘点、信息溯源、多码管控等跨专业应用，为资产管理智能辅助决策提供有力支撑，全面提升资产管理精益化和智能化水平。

下一步，国网湖南电力公司将继续依托实物"ID"开展新技术智能化推广与应用，不断挖掘、提升资产效率效益管理潜力，推动能源革命与数字革命深度融合。

4.5.2.3　营配高效贯通

电力物联网的营配贯通业务主线应用电网统一信息模型，可实现"站－线－变－户"关系实时准确，提升电表数据共享即时性，实现输变电、配用电设备广泛互联、信息深度采集，提升线路在线监测、故障就地处理、精准主动抢修水平。引入互联网思维，形成"物理分布、逻辑统一"的新一代调度自动化系统，全面提升调度控制技术支撑水平。

南网科研院在特高压工程技术（昆明）国家工程实验室成功测试了自主研发的芯片级直流电场MEMS传感器。这是国际上首次将MEMS技术应用于直流输电电场测量，可广泛应用于电力行业的设备精细化设计、在线监测、电磁环境评估，及气象部门的雷电观测预警、电动汽车驾驶舱电场检测、航空器等升空后大气环境电场监测等领域。解决了传统测量装置精度低、可靠性差、不适用于狭窄空间测量等问题。

国网江苏省电力公司在构建泛在电力物联网的过程中，重点关注营配数据贯通。公司率先实现营配深度贯通，初步完成了配网“一张网”的统一管理，奠定了营配数据质量提升的基础。2018 年，公司承担了国家电网有限公司的全域综合示范“基于全业务统一数据中心的营配调贯通及财务融合优化提升”任务，统一模型定义，规范所有基础数据的录入标准，同时，初步构建了电网资源中心，打造了一个统一的基础数据录入平台，为营配数据质量稳步提升打下了坚实基础。2019 年，公司将“营配贯通优化提升”列为泛在电力物联网建设首项重点任务，开启营配深度贯通建设，进一步提升营配基础数据质量。

4.5.2.4 电工装备智慧物联平台

电工装备智慧物联平台是以电工装备制造业数据全网互联共享为核心，利用大数据、云计算、物联网和人工智能等新技术，实现对电工装备供应商物联数据和业务数据的智能感知、协同交互、共享汇聚和分析应用。平台建设核心内容主要包括供应商接入（工厂侧采集系统、智慧物联网关）、智慧物联品类管理中心、智慧物联管理系统、智慧物联数据汇聚和应用四部分。

2019 年，为进一步完善泛在电力物联网的建设，国家电网公司秉承泛在电力物联网“以数字化管理大幅提升能源生产、能源消费和相关装备制造的安全水平、质量水平、先进水平、效益效率水平”的发展理念，在电缆质量在线监造试点探索基础上，通过大、云、物、移、智等新技术应用，以工厂侧为感知对象，以物联网关为感知终端，开始于更大范围内推进智能在线质量管控的全面升级。

国网上海电力公司在国内率先搭建电缆质量在线监造系统，目前，可以实现对 9 家主流供应商 33 条核心工艺生产线的实时工作画面的监控，关键质量数据无间断地从工厂车间实时反馈到系统后台，生产现场情况、产品质量等实时掌握，产品制造过程自此处于无间断可控、能控、在控状态。除此之外，上海宝胜集团有限公司参与电工装备智慧物联平台建设项目的合作，目前宝胜公司先后将 2 条高压生产线、14 条中压生产线全面接入平台，旗下接入生产线最多的中压分公司，累计拥有采集点 2186 个，数据采集装置覆盖电缆生产绝缘、护套和试验等工艺环节设备 45 台，已完全实现电缆制造关键信息的自动全息采集。

目前，国家电网公司已面向线缆、线圈、开关等 18 类电力物资制定建设推进计划。按规划，电工装备智慧物联平台对内将为各专业提供精准的物资供应全过程信息服务，全方位支撑国家电网公司现代（智慧）供应链建设，加快“三型两网”战略落地；对外将整合供应链信息，提供大数据分析增值服务，促进电工装备制造业智能制造和产能升级。在国家电网公司的积极推动下，一个品类多样、标准统一、感知全面的电工装备智慧物联平台日渐成型。

4.5.2.5 促进新能源消纳

新能源消纳是指在一定新能源资源及并网容量、常规电源装机和负荷水平条件下，受电网稳定运行约束，电力系统在一段时间中累积的新能源发电量。当前，我国局部地区新能源尚未实现全额消纳，需要采取相应措施进行技术引导和优化，促进新能源消纳。

在完善输电通道、拓展消纳半径方面，国家电网于2018年建设投资4889亿元，重点持续加强新能源并网和送出工程建设。建成新能源并网及送出线路5430km，满足了506个新能源发电项目并网和省内输送的需要。

其中，跨区输电工程包括世界电压等级最高、送电距离最远的准东—皖南±1100kV特高压直流输电工程和±800kV上海庙—临沂直流输电工程，新增输电能力2200万kW；省内输电工程包括新疆准北输变电及配套、蒙东兴安—扎鲁特、青海月海柴串补等15项重点工程，提升新能源外送能力350万kW。其中，利用鲁固特高压输电通道和跨省区现货交易平台，提升了东北电网富裕电力区外送电空间，助推当地风电消纳。

国家电网公司最大限度利用抽水蓄能电站，平均利用小时数达2659h，增加消纳新能源电量311亿kW·h。2019年1月8日，河北抚宁、吉林蛟河、浙江衢江、山东潍坊、新疆哈密等5座抽水蓄能电站工程的建设工作同时启动。按规划，竣工投产后又将提升新能源消纳空间600万kW，有力推动新能源行业健康、有序发展。

在优化调度机制、加强消纳能力方面，目前，国内接入规模最大的新能源“数据云”已在西北地区落地。通过建设区域电网智能协调控制系统，“数据云”调节准确性不断提升，现已能够实现新能源预测类、实时类及管理类信息的全景化展示，达到“交易智能化、消纳空间最优化、断面利用率最大化”目标。通过西北各省（区）资源互补特性，国网西北分部借助大数据分析提炼出了新能源保证出力，并科学纳入备用，降低火电开机方式，实现了全网常规能源常态化负备用。国网西北分部还通过动态备用、现货交易、辅助服务、动态值班等手段，成功实现了高占比新能源管理向“柔性控制”迈进。

在丰富交易形式，提升消纳空间方面，得益于强大的资源优化配置功能，近年来，市场化手段已成为国网西北分部着力提升消纳空间的重要抓手。一方面，其在国内首创以“虚拟储能模式 + 水电双向参与 + 深调电量替代”为特点的西北跨省调峰辅助服务市场，体现常规电源调峰价值，提高其参与调峰积极性；另一方面，创新援疆电量库模式，充分利用西北东部电网“电量库”的作用，实现疆电送出的柔性调整，服务电力援疆。截至 2018 年年底，西北电网新能源消纳已连续 24 个月实现发电量、发电占比、弃电量、弃电率的“双升双降”目标。

国网西北分部通过电力市场提升新能源消纳水平的情况并非个例。国网河南电力公司充分利用通道富裕容量开展现货交易，2018 年成交跨区域省间富余可再生能源电力现货 16.5 亿 kW · h；国网甘肃电力公司开展新能源与自备电厂发电权替代、省内大用户及增量用户的直接交易。

4.5.2.6 智慧能源服务系统

智慧能源服务系统是连接电网（大电网、微网）和用户侧新型智能设备，通过市场化手段对发电、用电曲线进行引导和调控，建立面向用户的智慧能源控制与服务体系，满足电网日益增长的清洁能源消纳、削峰填谷、调压调频等运行需求。

目前，各省积极打造示范项目，着力推进综合能源服务发展。其中，较为典型应用有北辰商务中心综合能源示范工程以及“江苏能源云网平台”。

北辰商务中心综合能源示范工程是接入国网天津电力能源大数据中心的园区平台项目之一。国网天津电力公司利用北辰商务中心屋顶、停车场及相邻湖面等场地资源，建设了太阳能光伏发电、风力发电、风光储微网、地源热泵、电动汽车充电桩，并将 5 个系统集约至能源大数据中心的智慧能源服务平台。通过智慧能源服务平台，实时监测各种能源系统运行，实现对北辰商务中心大楼用能的智慧调控和智能运行，自动执行节能策略，实现园区范围内多种能源互联互补和优化调度。北辰商务中心大楼综合能源示范工程自 2017 年 5 月投用以来，共节约电能 258 万 kW · h，减排二氧化碳 2261t，新能源电量占比已达 7.3%，创造了 180 万元的经济效益，综合能效比达到 2.38t。截至 6 月底，北辰商务中心综合能源示范工程智慧能源服务平台节能 49 万 kW · h。

国网天津电力公司通过能源大数据中心，实现系统内、政府、园区、客户以及第三方平台的数据广泛接入，从源、网、荷等方面对天津市电、气、热、充电网络等能源流、业务流、数据流进行集中直观展示和数据挖掘分析，为客户提供增值服务，满足客户用能需求。

另一个典型应用是江苏能源云网平台，2019 年 8 月 19 日，全国首个综合能源服务在线平台——江苏能源云网平台正式上线。该平台汇聚能源用户、能源供应与服务商、政府机关、高校与科研机构，为社会各界提供开放共享的综合能源服务。目前，平台已接入企业客户 1900 余户，接入电、水、气等监测数据项 70 万余个。

江苏能源云网平台由能源数据及能效评价中心、能源服务互动及共享中心两大板块构成。其中，能源数据及基于综合能效评价体系的能效评价中心是该平台的核心。2019 年 3 月，国网江苏省电力公司率先在全国构建综合能效评价体系。体系贯穿能源生产、输送、消费、存储全过程，综合考虑电、气、冷、热多能互补，发掘用户节能降耗关键点，为其提供用能“体检报告”和能效提升最优解决方案。

智慧能源服务系统采用总部一级部署，未来将基于平台现有服务资源采用“多租户”方式构建 27 网省智慧能源服务省级应用，并在网省部署数据接口服务器，实现异构接口 / 数据的标准化。

4.5.2.7 光伏云网

光伏云网是综合运用大数据、物联网、人工智能、区块链等技术，以电站运行数据、气象数据、补贴电费为主要数据源，以“科技 + 金融 + 服务”为特色，实现分布式光伏规划、建设、运营、结算、运维的“互联网 + 光伏”综合服务云平台。光伏云网基于“互联网 + 光伏”，创新构建开放、共享的分布式光伏能源互联网生态，实现能源互联网“源 – 网 – 荷 – 储”的多向良性互动，与能源流、信息流、业务流、资金流的多流合一[18]。

2017 年 4 月 10 日，国网分布式光伏云网正式上线运行。该平台具有信息发布、在线交易、智能管理、金融服务、大数据分析等五大板块及 16 项功能，提供集信息发布、咨询评估、方案推荐、设备采购、安装调试、并网接电、电费结算及补贴代发、金融服务、运行维护等全流程一站式服务。

2018 年 4 月 26 日，光伏云网 2.0 上线。新版本构建了建站并网中心、交易结算中心、在线监测中心、运维抢修中心、数字服务中心五大中心，新增智能选址、智能投顾、光伏学院等创新功能应用。客户业务办理线上化，更省时、更省事、更省心；实现了对光伏电站的在线监测；通过分布式电力市场化交易、电站交易、碳交易实现经济效益转化；通过落地代运维业务，保障电站的持续安全稳定运行。

截至 2019 年 3 月底，国家电网公司经营范围内分布式光伏电站全部接入光伏云网，累计接入 120.59 万户、5241.17 万 kW，入驻优质供应商 681 家，上架单品 1577 件，累计交易额 310.39 亿元，线上报装 16 万单，线上结算 15 亿元，带动上下游 2000 余家企业协同发展，初步形成分布式光伏生态圈。

光伏云网已陆续引入 5G 通信技术，推出智能选址、智能投资顾问等功能，研发光储云等新型平台，有效解决分布式光伏用户数量激增、海量分布式数据难以采集、广域覆盖难以保障等难题，支撑未来光伏云网个性化、智能化综合服务开展，在推动能源行业革命的进程中不断积蓄力量，与全球光伏产业伙伴共同打造能源革命共同体，创造更清洁、更智慧、更多元的能源未来。

4.5.2.8 智慧车联网

充电设施是连接电动汽车、用户和电网的重要端口，是电动汽车数据、用户数据、能源数据交互的关键枢纽，具有典型的物联网终端特征，是泛在电力物联网在客户侧的重要入口。

通过三年来的实践与探索，国网电动汽车服务有限公司初步建成了世界上最大、接入充电设施数量最多、覆盖范围最广的智慧车联网平台，实现充电服务、充电设施运维、设备接入、用户支付、清分结算、电动汽车租售、出行服务、行业用户综合服务全环节智能化。国家电网充电网络主要分布在京津冀、长三角和中西部重点省会城市，建成充换电站 11000 座、充电桩 8.8 万个，覆盖 26 个省、273 个城市，形成“全国一张网”的“十纵十横两环”高速城际快充网络，平均站间距离小于 50km。智慧车联网平台累计接入充电桩总数超过 28 万个，平台服务电动汽车用户数超过 130 万，年充电量突破 6 亿 kW · h，基本实现了电动汽车“城市内畅行无阻，城市间出行无忧”。

智慧车联网平台已实现与南方电网、特来电、普天、万帮星星充电、科陆等 21 家充电桩运营商的互联互通。为破解充电桩“进小区难”“安装难”问题，国网电动汽车公司还构筑了“大平台 + 微服务”体系，完成核心业务系统重构和开发，建设了先进的云平台和中间件平台，提升线性增容能力，可容百万以上用户并发访问。同时，还完成了山东等 7 个省市政府平台搭建和应用，服务当地新能源汽车产业快速发展。

在加快平台建设的同时，国网电动汽车公司在苏州、上海试点开展智能充电控制，实现充电行为在时间和能量维度上的优化调度，有效提升配电网资源利用效率。大力推进技术创新，开展大功率充电桩、柔性充电等多项技术研究，不断增强充电技术话语权。研发低成本、标准化交流桩，开发控制、监测、分享功能，私人桩业务取得阶段性成果。拓展平台同源应用场景，完成无锡、苏州水上服务区岸电设备改造并接入平台，为“两纵一横”港口岸电互联互通奠定了基础。

4.6　电力物联网技术预测与展望

4.6.1　发展预测与展望

未来，电力物联网突破智能化终端、通信网优化、人工智能等多项关键技术及重点任务，将在保障电网安全运行、促进清洁能源消纳、推动综合能源服务等方面发挥积极深远的作用，为全球能源互联网建设奠定坚实基础，从而推动“泛在化”社会的形成。

4.6.1.1　智能终端普及，感知无处不在

用电信息采集智能终端是对用户的多种用电信息进行采集、处理和实时监控，将物联网的技术应用于信息的采集，可以实现智能终端将用户之间、用户与电力公司之间的即时连接的网络互动，从而实现数据读取的实时、快速、双向的功能，可以对用户需求进行更为准确的分析与管理。基于物联网的用电信息采集面向电力用户和电网关口等层面，可以实现购电、供电、售电三个环节信息的实时采集、统计和分析，反映不同时刻的发电、输电成本。通过双向通信，可以使用户直接参与到实时电力市场中来，促进电力公司与用户的配合互动，有助于帮助用户制订动态计费方案，激励用户主动地根据电力市场情况参与需求侧响应，舒缓用电峰谷，使电网保持供需平衡。用电信息的采集可以包括电能数据、电压、电流、有功无功功率、终端设备工况、电能质量等信息。两种主导性新兴技术是射频（Radio Frequency，RF）技术和电力线载波技术（Power Line Communication，PLC）。RF 技术采用低功耗、低成本的无线电系统来无线传输电表信息，PLC 则利用电力线本身来传输。智能终端的使用同时也能够使用户拥有的分布式电源更容易地与电网互联，促进分布式电源的推广和应用。

进一步地，在用电信息采集智能终端中嵌入非侵入式负荷辨识模块——居民用户用电负荷辨识，利用分解辨识技术，使得智能终端具有负荷辨识的功能，从而获取全新的电量数据。居民可以通过相应的应用软件查询到各类家电的话单式分时用电详情，如自家空调、热水器、电饭煲等家电的开启时段、功率大小、用电量等详细情

况，从而了解家庭能耗重点，节约电费，促进科学合理用电。

随着能源互联网的不断深入，电、水、热（冷）、气等各领域的能源将逐步统筹，终端的量测也从传统的用户用电信息的采集到用户综合用能信息方向发展。综合能源信息的采集通过统一和规范的标准、通信和设备等技术，通过物联网、大数据技术等把分散的抄表渠道进行统一整合，从而实现多种能源表的统一抄收和管理[19, 20]。

电力物联网技术使得原本“高价值、低利用”的用户用能数据真正得到深度的挖掘和应用，实现了共享资源和节约投资，这为能源领域的发展发挥了积极作用。

4.6.1.2 M2M 架起连接桥梁，人和机器紧密交互

M2M 的全称是机器对机器（Machine to Machine），提供了设备实时数据在系统之间、远程设备之间、机器与人之间建立无线连接的简单手段，旨在通过通信技术来实现人、机器、系统三者之间的智能化、交互式无缝连接，从而实现人与机器、机器与机器之间畅通无阻、随时随地的通信。

通过 M2M，电力物联网能够对于“人”在电网中起到的作用有新的管理和实现模式。主要体现在技术人员的管理和实时跟踪上。由于电力系统运维的复杂性，电力现场作业管理难度大，常会出现误操作、误进入等安全隐患。在智能电网技术中，利用物联网技术可以进行身份识别、电子工作票管理、环境信息监测、远程监控等，实现调度指挥中心与现场作业人员的实时互动，进而消除安全隐患。电力物联网技术可以实现对配电现场作业的监管，通过安装在作业车辆上的视频监视设备和设备上的 RFID 标签，远程监控作业现场情况、现场核实操作对象和工作程序，紧密联系调度人员、安监人员、作业人员等多方情况，使各项现场工作或活动可控、在控，减少人为因素或外界因素造成的生产损失，从而有力保障人身安全、设备安全、系统安全，并大幅提高工作效率。在巡检工作中，基于传感器网络技术及射频识别技术，可以实现巡检人员到达现场并按预定路线巡视的监督功能，同时可以辅助加入环境信息与状态监测传感器，精确检测设备工作环境与状态，能够精准确认巡检人员并且采集电力设备的运行环境信息、工作状态信息，大幅提升巡检的工作质量。

另外，M2M 技术可以实现家庭用户的需求侧响应新模式。通过电力物联网技术，在家庭用户中能耗较大的电器上的传感器设备采集数据并上传，则可以实现某些负载例如空调、冰箱等根据电价的变化做出响应，不仅为家庭用户实现合理用电，也通过需求响应帮助电网提高能源利用效率，降低供能和用能成本。

4.6.1.3 通信领域技术突破，助力电力物联网

2018年6月13日，3GPP全会（移动通信网标准制定机构）批准了第五代移动通信技术标准（5G NR）独立组网功能冻结，至此宣告4G时代即将成为过去，5G时代即将到来。5G技术已具备独立部署的能力，同时带来了全新的端到端新架构，为运营商和产业合作伙伴带来了全新的商业模式。

5G的三大类应用场景分别是：增强型移动互联网业务eMBB、海量连接的物联网业务mMTC、超高可靠性与超低时延业务的uRLLC。其中后两种场景主要就面向物联网的应用服务，5G将是物联网的核心技术，帮助实现“万物互联”。海量连接的物联网业务mMTC：通过多用户共享接入、超密集异构网络等技术，5G可以支持每平方公里100万个设备的接入，是4G的10倍之多，基于5G网络的强大连接能力，可以人与人、人与物、物与物连接起来，将信息协同处理，使得各个主体协同工作，大大提升了整个社会的效率；超高可靠性与超低时延业务的uRLLC：5G彻底实现了控制面和用户面分离，引入了移动边缘计算（Mobile Edge Computing，MEC），让云服务更加接近用户，从而提供超低时延。MEC专注于局部，聚焦实时、短周期数据的处理分析，随着MEC数量的不断增多，5G云化核心网将会变成一个统筹者，管理众多MEC平台的工作。物联网的构想下，人与人、人与物、物与物之间多种通信同时进行，需要瞬间进行大量的数据处理和决策，因此需要网络同时具有大带宽、低时延和高可靠性，5G将很好地解决这个需求。

5G在电力物联网中的应用场景总体上可以分为控制和采集两大类。其中控制类的业务场景，未来随着智能分布式配网终端的广泛应用，连接模式将出现更多的分布式点到点连接，主站系统将逐步下沉，出现更多的本地就近控制，且与主网控制联动的需求、时延的需求将达到毫秒级；采集类业务场景，未来采集的频次、内容将有较大变化，采集频次将从现在的月、天、小时为单位采集逐渐趋向分钟级，达到准实时能力，随着频次的提升采集的数量将达到百万和千万级别，5G强大的连接能力将保证采集的可靠性。同时，采集内容将从基础数据和图像转变为高清化视频的采集（局部带宽需求4~100Mbps级），5G强大的带宽承载能力将满足对于高清化视频采集的需求[21, 22]。

总体来说，5G将使电力物联网的许多构想成为现实，5G的全面应用和推广将大大助力电力物联网的全面发展。

除此之外，北斗精准位置已在我国电力领域中广泛应用。2016—2018年电力时

间同步系统新建站需求北斗设备 5930 套，改造 152 台套。2020 年，北斗三号卫星导航系统正式完成全球组网，未来将努力构建“互联网 + 北斗 + 智能电网”电力运营模式，全面推动北斗在“发、输、配、变、用、调度”等领域的推广应用。建立时空智能北斗卫星电力应用体系，进一步优化电力物联网的网络层，做到“空、天、地”协同一体化的泛在通信网。

通信领域的技术突破，诸如光网络物理层新技术、弹性光网络技术、智能光网络技术、光纤 - 无限融合网络技术，以及面向未来电网的 6G 无线新技术等，均给电力物联网的进一步发展提供了无限可能。

4.6.1.4 边缘计算辅助云计算，提升海量数据处理能力

云计算提供了一种更便宜、更灵活、可扩展且高效的方式来处理和存储数据，而不需要在内部进行任何操作。在传统的云计算模型中，为了降低 IT 设备所有者的运维压力，将所有数据源汇总到云端进行集中式计算，并以此开展云端的各种智能服务。但是随着物联网越来越普遍，终端数量增多，云计算模型无法有效满足大规模智能终端所采集的海量数据传递、计算及存储的实时需求，云计算呈现出越来越多的不足。此外，如果只有云计算，物联网在实时分析、监控和管理方面不能充分发挥其潜力，因此亟须推进云计算和边缘计算的结合。

和传统的中心化思维不同，边缘计算的主要计算节点以及应用分布式部署在靠近终端的数据中心，这使得其在服务的响应性能、还是可靠性方面都是高于传统中心化的云计算。随着智能电网业务快速发展，需求侧终端 / 系统数量日益增多，对电网中心化数据处理平台提出了更高的要求，为了降低系统成本，并且防止中心化节点成为瓶颈节点或者潜在的风险点，边缘计算利用更接近于用户侧的基础设施，在网络边缘对数据进行处理，既提高了系统的响应速度，同时还降低系统传输的需求，很好地补充了当前云计算的技术实现方式。预计到 2022 年，边缘计算市场将从 14.7 亿美元增长到 67.2 亿美元[23, 24]。

有了边缘计算，云计算并没有被取代，虽然对时间敏感的分析在物联网边缘完成，而资源密集型处理仍将发送到云端。云将成为边缘设备发送异常和其他数据进行存储或进一步处理的地方。此外，云将负责处理物联网数据和构建机器学习模型，然后将其发送到边缘。两者相辅相成、互为补充，为构建未来灵活、全面的泛在电力物联网提供了有力支撑。

4.6.1.5　云数据中心平台搭建，信息由孤岛走向共享

电力行业中存在较为严重的数据壁垒，尚未实现充分的数据共享，数据重复存储的现象较为突出。亟须推动电力企业间的数据开放共享，建设电力行业统一的元数据和主数据管理平台，建立统一的电力数据模型和行业级电力数据中心，开发电力数据分析挖掘的模型库和规则库，挖掘电力大数据价值，面向行业内外提供内容增值服务。对数据进行集中存储和统一计算，实现各个系统之间的数据共通、共享，提高数据的利用率减少浪费，打破系统信息孤岛，实现共享[25，26]。

云数据中心平台，将紧密围绕能源互联网的发展思路，将实现城市的电、热、气、水和交通系统交互，把电能与供热、供水、供气以及交通系统的各类数据进行互联互通，将根据应用类型和场景在综合信息数据库中提取所需数据，打破传统的纵向且数据仅为单一业务服务的结构，构建水平化的开放数据共享模式，采集到的数据汇集在云平台服务于多种多样的业务需求，促进用能形式的改变，提升电网的智能化水平，最终实现能源的便捷、绿色和高效使用。

4.6.1.6　海量数据处理，挖掘潜在数据价值

随着电力物联网建设工作的推进，感知层的大量传感器等感知设备采集的数据规模和种类快速增长。由于数据规模大、数据处理时效性高，传统的数据处理技术无法满足技术要求或经济要求，数据类型多样，包含半结构化、非结构化数据以及空间矢量数据等，传统的处理技术不能满足要求。对于电力物联网架构中的数据处理层，研究和推广利用适用更大规模数据的计算、数据挖掘与融合办法则是决定电力物联网建设和发展水平的关键。

电力物联网中大数据技术的深入应用可以通过对感知层采集到的大量的、种类和来源复杂的数据进行高速的捕捉、发现和分析，用经济的方法提取其价值。大数据的数据解析主要通过数据挖掘与融合、领域普适知识挖掘、过程挖掘技术研究巨量的多种类型的数据，以发现其中隐藏的模式、未知的相互关系及其他有用的信息，可以预期的应用模式有以下几方面：一是通过电力物联网中感知层智能电表和用电信息采集系统获取的详细用户用电信息的多维度统计分析、历史电量数据比对分析、经济数据综合分析等大数据分析工作，可以提取全社会用电量及相应社会经济指标，为政府了解和预测全社会各行业发展状况和用能状况提供基础，为政府就产业调整、经济调控等作出合理决策提供依据；二是根据不同的气候条件（如潮湿、干燥地带，气温高、低地区）、不同的社会阶层将用户进行分类，对于每一类用户又可绘制不同用电设备

的日负荷曲线，分析其主要用电设备的用电特性，在分类、聚合、比对的基础上，可以对用户的能效给出评价并提出改进建议，还可以得到某片区域或某类用户可提供的需求响应总量，为制定需求管理或响应激励机制提供依据；三是在支持公司运营和发展方面的应用，通过对实时及历史电网数据的快速处理挖掘，可以对于电力系统暂态稳定性分析和控制方面有所帮助，对电网设备关键性能做出动态评估和基于复杂相关关系识别的故障判断，结合天气影响、能源交易状况，综合性地量化各类影响因素和负荷预测之间的关联关系，构建精准的负荷预测模型，更加精确地预测短期或超短期负荷。

电力物联网中的海量数据对计算资源的要求也是惊人的。云计算通过共享基础资源（硬件、平台、软件）的方法，将巨大的系统连接在一起以提供各种 IT 服务。用户可以在多种场合，利用各类终端，通过互联网接入云计算平台来共享资源。随着电网规模的日益扩大，电网设备数量和生产、营销数据不断增加，云计算较强的数据分析能力可满足智能电网新型计算模式。目前，云计算在智能电网发展中已得到部分应用，有些省级电网已建有大型的电力数据仿真中心，并且具有一定完善的分布计算能力。

随着大数据技术的逐渐成熟和计算资源的不断突破，电力物联网中的海量数据不再是冗余、无效的废品，而是蕴藏着许多潜在信息的宝贵资源，不断发展的各类数据处理技术，将让电力物联网中的数据展现其重要价值。

4.6.1.7 交互式并网主体发展，能量信息双向流动

随着大量分布式电源、微电网、电动汽车、新型交互式用能设备的接入，这些并网主体兼具生产者与消费者双重身份，改变了传统的潮流从电网到用户的单向流动模式，实现了电网和用户之间的能量、信息的双向流动。未来配电网中的分散发电和有源负荷将呈现高速增长态势，更多电力用户将从单一的电力消费者转变为混合型的产消者。

分布式能源单独运行时，其出力随机性、间歇性和波动性较大。当分布式能源接入目前的传统大电网体系时，电网的安全性和供电可靠性将会受到威胁。为了实现分布式电源的协调控制与能量管理，可以通过虚拟电厂的形式实现对大量分布式电源的灵活控制，从而保证电网的安全稳定运行。虚拟电厂依托电力物联网的网络和现代通信技术，通过先进的控制、计量技术将分布式电源、可控负荷和储能系统聚合成一个整体，并通过更高层面的软件架构实现多个分布式能源的协调优化运行，使其能够参

与电力市场和辅助服务市场运营，实现实时电能交易，同时优化资源利用，提高供电可靠性。全球虚拟电厂市场预计从 2016 年的 1.915 亿美元（约合人民币 13 亿元）增至 2023 年的 11.875 亿美元（约合人民币 80.4 亿元）。

微电网既可以独立于主电网运行，即所谓的“孤岛模式”，也可以在相同的电压下与主电网相连，从而在用电高峰时从主网输入电力，用电低谷时向主电网输送多余电力，实现与电网间能量和信息的双向交换。微电网与其他新兴技术相结合，将具有巨大而长远的发展潜力。例如，与区块链结合，可以创建一个永久且不可变的交易分类账，为参与者在一个安全透明的环境中进行电力交易提供机会。加入人工智能，微电网将获得“大脑”，可以预测可再生能源的投入、解读用户行为、估算产出，从而优化微电网以实时适应供需波动。未来，随着光伏以及储能成本的下降，微电网系统将产生数十倍的爆炸式增长，预计到 2035 年微电网全球项目将超过 21 万个。

电动汽车的 V2G 技术可以实现电动汽车和电力网络的互动，电动汽车与电网在公共信息共享的前提下，参与电网的调节。海量的电动汽车作为用户侧的柔性负荷的同时也作为分布式电源设备，帮助调节电网用电负荷，削峰填谷，消纳可再生能源，并为电网提供调频和备用等辅助功能。V2G 是一种双向能量传输系统，不仅可以为车辆充电，还可以为家庭或电力网络供电。具备 V2G 技术的车辆能在电量充足但又闲置的时候，从车上电池往电力网络输送电力。这种双向电力流转技术，在发电量大于耗电量时为电动汽车充电；当耗电量大于发电量时，从电动汽车里向电网放电，从而帮助抵消电力供求之间的差距，有利于环节电力供求关系的稳定。预计到 2035 年，新能源汽车在全球的普及率将超 30%，届时中国电动汽车保有量有望超越 8000 万辆。

未来随着电力物联网的高级智能仪表的发展，可以加强对各类交互式并网主体的管理，精确掌握和预测其状态信息，随着网络的不断发展，用户依托室内网，通过网关或者用户入口把智能电表和用户室内可控的装置设备连接起来，让用户能够根据电网的需要，积极响应。同时，随着大数据技术的发展，可以快速处理各种信息，有效提高信息交换与处理中心的处理速度，为信息交换与处理决策提供实时、准确的数据信息流。

4.6.1.8　综合能源系统应用，开启全新生活模式

随着电力物联网的智能感知和数据处理技术的发展，能源消费模式逐渐向智能化转变，从而衍生出多种增值化服务，电力物联网的综合能源服务以电力系统为核心，改变以往供电、供气、供冷、供热等各种能源供应系统单独规划、单独设计和独立运

行的既有模式，对各类能源的分配、转化、存储、消费等环节进行有机协调与优化，充分利用可再生能源的新型区域能源供应系统。互联网、大数据、云计算、电力物联网等技术与能源的深度融合，推动综合能源服务向智能化转变，为综合能源服务系统建设提供了强有力的支撑。大数据和云计算技术可以用于分析用户需求、负荷预测、设备管理、信息化管理、配电运维、自动需求响应等，物联网的感知技术可以根据环境、设备状态智能感知，通过自适应调控电机、照明设备的电源及工作状态，达到有效节电的目的。综合能源服务的兴起代表着我国的能源行业重心已经从“保障供应”转移到“以用户为中心”。

能源服务指的是通过能源的使用为消费者提供的服务，通常为三类，第一类是能源销售服务，包括售电、售气、售热冷、售油等基础服务，以及用户侧管网运维、绿色能源采购、利用低谷能源价格的智慧用能管理（例如在低谷时段蓄热、给电动汽车充电）、信贷金融服务等深度服务；第二类是分布式能源服务，包括设计和建设运行分布式光伏、天然气三联供、生物质锅炉、储能、热泵等基础服务，以及运维、运营多能互补区域热站、融资租赁、资产证券化等深度服务；第三类是节能减排服务及自动需求响应服务，运用大数据和云计算技术提供用能解决方案，包括改造用能设备、建设余热回收、建设监控平台、代理签订需求响应协议等基础服务，和运维、设备租赁、调控空调、电动汽车、蓄热电锅炉等柔性负荷参与容量市场、辅助服务市场、可中断负荷项目等深度服务。

综合能源服务内涵广、层次多、形式丰富、潜在需求和节能减排贡献潜力巨大，随着电力物联网的深入发展，综合能源服务产业将有望达到数十万亿的产值，给供电/气/热市场、节能服务市场、分布式光伏市场、微电网市场、储能市场带来巨大的发展潜力。综合能源服务未来将朝着供应能源多元化、服务多元化、用能方式多元化及智能化趋势发展。

4.6.2 发展路线图

综合以上的分析，总结出电力物联网行业在中短期和中长期的发展路线图如图2-4-5所示。

目前阶段智能传感器技术的设备研发工作已基本完成，目前正在逐步探索和投入工业应用，用电信息采集的智能终端也已经投入试点应用；M2M技术也已经初步应用于电力物联网，同时5G技术正初步投入市场应用，在电力物联网中进行着初步的探

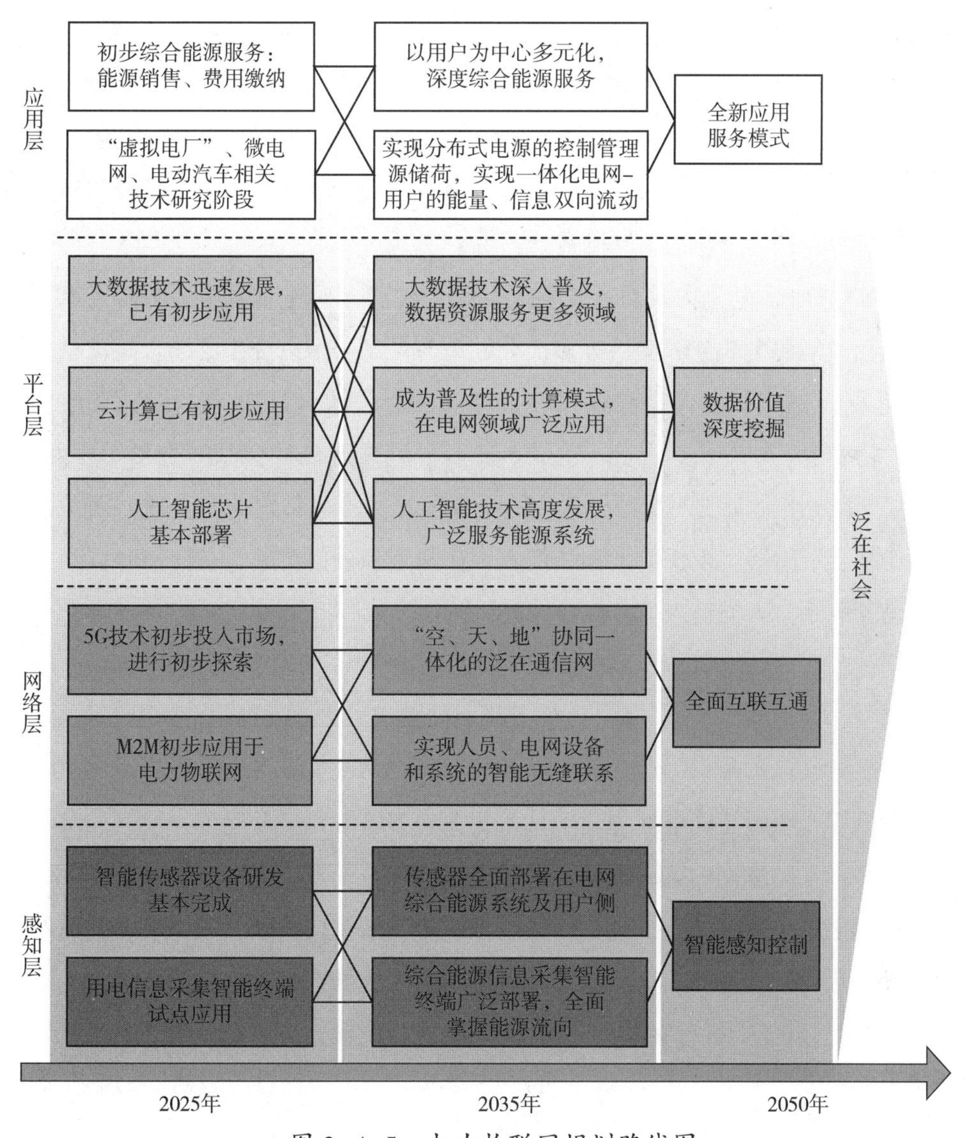

图 2-4-5　电力物联网规划路线图

索；大数据技术、云计算和量子计算处于关键的发展阶段，已有了初步应用；综合能源服务类型目前还不够多元化，但已经具备了初步的增值化服务，虚拟电厂、微电网和电动汽车等交互式并网主体的关键技术正在研究。

2035 年前后，经过将近 15 年的进步与发展，预计到 2035 年传感器数量将达到万亿级，"传感尘埃"无处不在，智能传感器全面部署在电网或综合能源系统及用户侧。同时，综合能源信息采集终端也广泛部署，可以全面掌握能源的流向，实现对整个能源系统的全面感知；M2M 技术成熟，可以实现人、机器和系统的智能无缝连接，5G

将不再是最新的通信技术，全新的信息通信带来全新的格局；未来，大数据、云计算、边缘计算已经实现应用普及，各类信息处理的方式都已经成熟，广泛服务于整个能源系统。基于各类技术的成熟，电力源、网、荷、储成为一个统筹的整体，电网和用户之间的能量和信息实现双向流动，用户将成为最大的受益者，享受着多元的深度综合能源服务，开启全新的生活模式[27]。

到 2050 年时，电力物联网高度发展，人、机器、系统无缝连接畅通无阻、随时随地地通信。能源、政务、交通等多产业领域与信息通信系统广泛结合高度融合，任何物体都可以被识别、观察和跟踪。人类的社会模式将从由“E 社会”（Electronic Society）转变为“U 社会”（Ubiquitous Society）即“泛在社会”。“泛在”揭示了从“人与人”的连接走向“人与物与人”的全面连接，不再是影响和渗透，而是包围和融化。U 社会下能够实现任何人和任何人，任何人和任何对象，在任何时候和任何地点的通信与联系，人类进入信息社会的高级阶段。

4.7 小结

本章简要介绍了智能电网物联网技术相关内容。首先，概述了物联网的基本概念和架构体系，在物联网的基础上，引入电力物联网。结合电力生产、输送、消费等各环节，提出电力物联网的四层架构体系。然后，按照架构体系介绍了电力物联网的感知层、网络层及平台层的关键支撑技术，并对电力物联网在国内外的发展现状进行了概述。最后，具体从通信技术突破、高级量测智能终端、综合能源服务、交互式并网主体发展等角度预测电力物联网技术的发展路线，指出中国在中短期（2035 年）和中长期（2050 年）智能电网物联网技术的发展展望。

参考文献

[1] 刘建明. 物联网与智能电网 [M]. 北京：电子工业出版社，2012.

[2] 刘云浩. 物联网导论 [M]. 北京：科学出版社，2017.

[3] 黄建波. 一本书读懂物联网 [M]. 北京：清华大学出版社，2017.

[4] 韩毅刚等. 物联网概论 [M]. 北京：机械工业出版社，2017.

[5] BSI standards publication. Internet of Things (loT) – Reference Architecture [R]. BS ISO/IEC 30141：2018.

[6] Y Saleem, N Crespi, M H Rehmani, et al. Internet of Things-aided Smart Grid: Technologies, Architectures, Applications, Prototypes, and Future Research Directions [R]. IEEE Access, 2019.

[7] R Sharma, V Kumar. The Multidimensional Venture of developing a Smart City [C]. 2019 International Conference on Big Data and Computational Intelligence (ICBDCI), Pointe aux Piments, Mauritius, 2019.

[8] 陈海明，崔莉，谢开斌. 物联网体系结构与实现方法的比较研究 [J]. 计算机学报，2013，36 (1)：168-188.

[9] 鄂旭，王志良，杨玉强. 物联网关键技术及应用 [M]. 北京：清华大学出版社，2013.

[10] 段中兴. 物联网传感技术 [M]. 北京：中国铁道出版社，2014.

[11] 喻洁，夏安邦，黄小庆. 电气信息技术基础 [M]. 北京：中国电力出版社，2012.

[12] D K Aagri, A Bisht. Export and Import of Renewable energy by Hybrid MicroGrid via IoT [C]. 2018 3rd International Conference On Internet of Things: Smart Innovation and Usages (IoT-SIU), Bhimtal, 2018.

[13] B K Barman, S N Yadav, S Kumar, et al. IOT Based Smart Energy Meter for Efficient Energy Utilization in Smart Grid [C]. 2018 2nd International Conference on Power, Energy and Environment: Towards Smart Technology (ICEPE), Shillong, India, 2018.

[14] R Morello, C De Capua, G Fulco, et al. A Smart Power Meter to Monitor Energy Flow in Smart Grids: The Role of Advanced Sensing and IoT in the Electric Grid of the Future [J]. IEEE Sensors Journal, 2017, 17 (23): 7828-7837.

[15] 李辉. 物联网发展与应用研究 [M]. 北京：北京理工大学出版社，2017.

[16] 毕开春，夏万利，李维娜. 国外物联网透视 [M]. 北京：电子工业出版社，2012.

[17] 刘建明，赵子岩，季翔. 物联网技术在电力输配电系统中的研究与应用 [J]. 物联网学报，2018，2 (1)：88-102.

[18] 寇伟. “三型两网”知识读本 [M]. 北京：中国电力出版社，2019.

[19] H P Tauqir, A Habib. Integration of IoT and Smart Grid to Reduce Line Losses [J]. 2019 2nd International Conference on Computing, Mathematics and Engineering Technologies (iCoMET), Sukkur, Pakistan, 2019.

[20] C Wang, X Li, Y Liu, et al. The research on development direction and points in IoT in China power grid [C]. 2014 International Conference on Information Science, Electronics and Electrical Engineering, Sapporo, 2014.

[21] W Shu-wen. Research on the key technologies of IOT applied on Smart Grid [C]. 2011 International Conference on Electronics, Communications and Control (ICECC), Ningbo, 2011.

[22] Jin Mitsugi, Tatsuya Inaba, Béla Pátkai, et al. Architecture development for sensor integration in the

EPCglobal Network [J]. Auto-ID LABS, 2007.

[23] IOT-A. Initial Architecture Reference Model for IoT [EB/OL]. 2015.

[24] International Telecommunication Union. ITU Internet Reports 2005: The Internet of Things [EB/OL]. 2005.

[25] Batty M, Smith A. Virtuality and cities: Definitions, geographies, designs, virtual Reality in Geography [C]. Taylor&Francis, London, 2002: 270-291.

[26] EPRI. Estimating the Costs and Benefits of the Smart Grid [R]. 2011.

[27] EPRI. Report to NIST on the Smart Grid Interoperability Standards Roadmap [R]. 2009.

5 电力信息物理系统技术

5.1 引言

信息物理系统是通过 3C（Computation、Communication、Control，即计算、通信、控制）技术将计算系统、通信网络和物理环境融为一体，形成一个实时感知、动态控制与信息服务融合的多维异构复杂系统[1]。1992 年，美国国家航空航天局（NASA）最早提出 CPS 概念。2006 年美国国家科学基金会（NSF）在国际上第一个关于信息物理系统的研讨会（NSF Workshop on Cyber Physical Systems）上将这一概念进行详细描述，并引起了广泛关注。

较早的关于信息物理系统的定义来源于加州大学伯克利分校的 Lee 教授[2]：信息物理系统是通过嵌入式设备和通信网络实现对物理过程的监控，并通过物理世界的反馈实现计算进程的改进，从而达到计算过程和物理过程集成和交互的系统。美国国家科学基金会的定义为：计算资源和物理资源之间的紧密集成和深度协同[3]。目前针对电力信息物理系统的相关研究，尚无明确统一的定义。

各国政府及组织纷纷开展 CPS 相关领域探索。尤其在制造业领域，发展 CPS 已经成为美国、德国等发达国家实施“再工业化”战略、抢占制造业新一轮科技革命和产业变革制高点的重要举措。中国也先后出台了《中国制造 2025》和《国务院关于深化制造业与互联网融合发展的指导意见》，全面部署推进制造强国战略实施，加快推进我国从制造大国向制造强国转变，把发展 CPS 作为强化融合发展基础支撑的重要组成部分，明确了现阶段 CPS 发展的主要任务和方向。

在云计算、新型传感、通信、智能控制等新一代信息技术迅速发展的技术背景下，CPS 通过对计算、感知、通信、控制等技术进行更为深度的融合，解决工业生产面临的产能过剩、供需矛盾、成本上升等诸多问题，推动制造业转型升级，提高资源配置效率。CPS 典型应用场景包括生产制造、交通运输、医疗健康、城市建设和能源电力等。

电力系统是较早开展信息化和自动化的工业系统，电力系统自动化程度相对较高，已初步具有信息物理系统的典型特征。如能量管理系统，涵盖状态感知（RTU/PMU）、信息传输（电力载波 / 光纤网、各种规约形式）、实时分析（坏数据辨识 / 状态估计）、科学决策（潮流分析 / 安全分析 / 优化计算）、闭环控制（AGC/AVC）等。

CPS 是电力系统未来的技术发展方向。为适应新能源的广泛接入、实现能源的高效利用和满足电能消费者的多样化需求，信息通信元件大量接入，使得智能电网数字化和信息化水平日益提高。智能电网和综合能源系统的发展进一步将物理系统与信息系统紧密耦合在一起。因此，CPS 在电力系统中的应用还需要在广度上和深度上进行拓展，未来的电力系统，是信息物理融合的电力系统，即电力信息物理系统（Cyber Physical Power System，CPPS）。广度体现为更广泛的应用场景，深度上是对信息物理系统中所有元素进行融合分析与控制，挖掘潜力，提升价值。

电力信息物理系统从设备功能角度可分为 3 层：电力网络层、通信网络层和信息决策层，如图 2-5-1 所示。电力网络层是指电力一次系统，包括各类电源、输配电

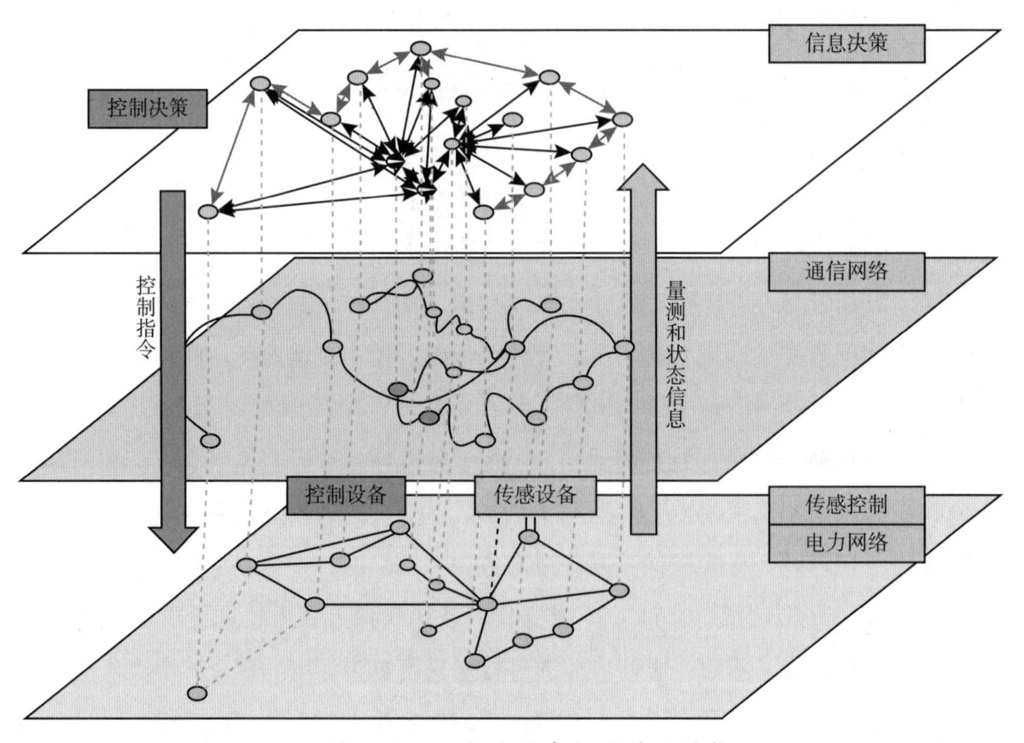

图 2-5-1　电力信息物理系统结构

网和负荷。通信网络层是指电力通信系统，包括不同带宽、传输协议的通信线路，以及各类路由器、交换机、防火墙等设备。信息决策层是指包含各类主站、子站、服务器、工作站等设备的控制决策系统，用于处理电网状态数据、环境数据、市场电价等信息，从而对电力系统更加高效地组织、管理。传感器采集电力网络的状态数据，通过通信网络将数据发送给信息决策层中的控制中心。控制中心根据策略表生成控制指令，通过通信网络将命令发送给电力网络中的控制器[4]。

CPS 技术应用于电力系统将大大提高系统的安全可靠性、实时性、经济性。但现阶段 CPS 技术在电力系统应用的研究刚刚起步，信息 – 物理融合建模、分析、控制和信息安全等方面的问题亟须突破，从而支撑 CPS 技术在电力系统中的广泛和深入的应用。

5.2　电力信息物理系统关键技术

5.2.1　电力信息物理系统架构构建技术

由于信息发展水平的限制，传统电力系统的架构设计偏重物理侧，相应的设计和分析方法也较少考虑信息侧支撑系统的解决方案。电力信息物理系统构建技术旨在从总体上提出信息物理并重的现代智能电网设计架构[5]。实现智能电网的关键之一就在于怎样将前沿的计算、通信、传感技术与电力系统紧密而有机地结合起来，通过信息物理融合系统将物理系统和信息系统融合为新型工业系统的概念基础，从普遍的工业 CPS 设计方案出发进行拓展和适应改造，与电力系统特点相结合，从而提出电力信息物理系统架构、分层方案及实际系统到理论模型的层级映射方法。

5.2.2　电力信息物理系统建模技术

电力信息物理系统建模除了要计及物理系统和信息系统之间的耦合关系，还要考虑其作为电力系统存在的特质。传统的电力系统研究与信息系统研究在理论和方法上基本都是割裂的，故在现有的理论和方法框架下难以系统而深入地分析信息系统对电力系统分析与控制的影响。信息系统一般是信息 / 事件驱动，其理论基础是离散数学，系统建模工具一般是离散数学工具如有穷自动机；电力系统的理论基础以连续数学为主，建模工具一般是微分代数方程组。此外，出于实时性要求，电力系统模型一般将时间作为一个显式变量来表征物理过程的次序；与之相反，一般信息系统对实时性要求不高，因此信息系统模型一般不显式地标明时间，而是直接标明事件或计算指令的次序。

提出电力信息物理系统建模技术，是为解决现存的电力系统和信息系统领域中理论基础和建模方法互相割裂这一问题，发展信息系统和电力系统的统一建模理论是电力信息物理系统研究要解决的关键任务。通过发展建模技术，提出新的系统理论和模型，使之能适应电力信息物理系统连续性与离散性并存的特点，既能显式表征物理系统的时域信息又能显式表征信息系统的执行次序。

5.2.3 电力信息物理系统安全性和可靠性评估技术

电力信息物理系统是国家的关键性基础设施，如何保障其安全性是需要重点研究的问题。需要特别注意的是，这个问题不仅仅需要关注物理系统的安全性（如传统的小扰动稳定、暂态稳定、电压稳定等问题），也需要关注信息系统的安全性问题[6]。在研究安全性问题时，既要考虑随机系统故障，也要考虑人为攻击和破坏。人为攻击又包括物理攻击（直接破坏物理设备如电力系统设备）和虚拟攻击（利用黑客技术破坏信息设备和通信网络）。此外，必须注意到信息系统安全和物理系统安全不是两个孤立问题，对信息系统的攻击也可能导致物理系统的大规模故障（信息系统的失效将导致物理系统控制能力的丧失，进而导致物理系统的失效）[7]。信息系统安全性与物理系统安全性之间的相互影响和内在联系尚未得到充分研究，因此需要融合现有的信息安全与电力系统安全理论，构建统一的电力信息物理系统安全性理论。

可靠性分析是进行系统规划、设计、调度的基础。与安全性类似，电力信息物理系统环境下的可靠性分析也必须同时考虑信息系统和物理系统，尤其是要重点关注两者之间的相互影响。传统信息系统可靠性和电力系统可靠性技术都已相对成熟，有待研究的主要问题在于两者的融合。

5.2.4 电力信息物理系统优化与控制技术

电力信息物理系统的最终目的之一是实现整个系统的全局最优控制，控制目标可以为系统总发电成本最小、社会总用电效益最大、网损最小、总碳排放量最小等。未来电力信息物理系统中将存在海量可控设备，通过各种嵌入式控制系统，控制主站可在必要时在线调整控制系统的参数或直接控制物理设备来协调整个系统；同时，控制子站也可对局部物理设备进行优化协调控制。要实现对整个系统的集中最优控制，对计算能力的要求极高，因此有必要研究集中控制与分散控制的协调优化技术。此外，在研究最优控制问题时，需要考虑到不同设备使用者的差异性，由于不同使用者的利益目标不同，某些无法直接控制设备的响应情况可能与控制目标相悖。因此，需要深入研究不同场景下对电力系统不同参与者的引导方法，使得其行为与系统的自动控制相配合，以实现整个系统的最优控制目标。

5.2.5　电力信息物理系统的信息支撑技术

5.2.5.1　电力信息物理系统计算技术

电力信息物理系统接入的设备需要具有强大的计算能力，能够对数据进行海量计算。从计算性能角度出发，电力信息物理系统应用通常采用客户端/服务器架构，具有监测、控制和自治功能。但随着设备和应用的增多，计算量也大幅增加，大规模分布式计算技术如云计算是解决电力信息物理系统计算问题的有效途径。利用云计算技术可以有效整合系统中现有的计算资源，为各种分析计算任务提供强大的计算与存储能力支持。云计算能支持各种异构计算资源，与集中式的超级计算机相比，其可扩展性很强，且可以在现有计算能力不足时方便地升级。与传统的计算模式相比，云计算还具有便于信息集成和分析，便于软件系统的开发、维护和使用等优点。此外，基于云计算的分布式计算模式也与电力信息物理系统集中控制与分散控制相结合的模式比较吻合。

5.2.5.2　电力信息物理系统通信技术

CPS是一种新型网络系统，需要针对CPS的特点（如实时性要求高、结构灵活等）为其构造专门的网络通信协议，在应用层之上增添专门针对CPS的信息物理层以描述物理系统的特征与动态。除此之外，由于电力系统对可靠性和在线计算分析的速度要求很高，这就要求通信网络必须具有很强的处理通信延迟和中断的能力，因此动态网络和延迟/中断容忍网络技术将成为电力信息物理系统的基础。

5.2.5.3　电力信息物理系统控制技术

电力信息物理系统依赖通信网络在调度机构和智能负荷、分布式电源、电动汽车等设备之间传递信息与控制信号。考虑到通信网络在实际运行中存在由于故障或网络攻击而暂时失灵的可能，完全依赖网络化控制有可能会降低系统运行可靠性。因此，需要研究电力信息物理系统环境下网络化控制与本地控制相结合的混合控制方法。控制方法和控制系统的性能受到电力信息系统性能的制约。一方面，计算系统的性能决定了某种控制算法的最高时间复杂度，若控制算法过于复杂，则计算系统可能无法及时完成控制指令计算；另一方面，通信网络的性能决定了某种控制方法可以利用的最大信息量。因此，电力信息物理系统对控制方法和控制系统的灵活性提出了很高的要求。

5.2.6 电力信息物理系统信息安全技术

电力信息物理系统网络安全研究必须考虑电力信息物理耦合关系，对信息侧攻击路径和物理侧攻击对象，及其操纵方式（统称为“攻击向量”）进行融合的深入分析。与传统针对信息领域（如互联网）的网络攻击不同，针对电力信息物理系统的网络攻击的目标是电力工控系统，攻击者目的不仅限于通过窃取和操纵信息获取经济利益，更注重破坏电力信息物理系统的稳定运行，造成大规模电力供应中断等实际物理影响。因此针对电力信息物理系统网络攻击和防御的研究不能止步于单纯的信息侧网络攻击破坏分析与安全防护，更应以物理侧功能削弱和恢复效果为最终目标。应考虑信息侧业务对物理侧功能的支撑和影响，基于信息物理直接和间接依赖性，探究攻击在信息侧和物理侧传播和作用机理，从建模、评估、辨识和防御等方面形成全面的网络安全防护理论[8]。

5.2.7 电力信息物理系统仿真技术

电力信息物理系统的高速通信网络和广域量测系统为基于全局信息的分析与控制手段奠定了基础，同时也对信息的可靠性提出更高要求。因此有必要在传统电网的分析和控制中，计及通信系统状态以及网络攻击的影响。传统电力系统仿真通常不考虑实际通信系统，或仅以一固定延时代替系统中的网络延时，无法有效体现通信系统产生的影响，因此需要综合分析电力系统和通信系统的交互影响。然而电力系统是连续时变系统，通信系统则是离散事件系统，设计新的仿真引擎同时支持连续时间仿真和离散事件仿真，需要重构大量函数库和元件模型，在现有技术框架下不易实现。因此，需要利用已有仿真工具实现联合仿真[9]。

5.3 国内外CPS发展和技术研究现状

欧美国家开展了大量相关技术的研究。许多成果从宏观角度构想了 CPS 的整体框架和基本内涵，尽管侧重点不同，但均认为CPS的主要目标是通过对信息以及信息系统的充分开发应用，使物理系统运行效果和性能得到优化。在研究内容方面，CPS的建模、控制、工程应用等方面还需要进一步探索，确保所构建的CPS满足实时性、同步性等系统特性和工程要求。建模是CPS研究的热点之一，许多学者已经就系统异构问题、信息系统时间特性、信息模型等方面开展了研究探索并取得了一定成果；CPS的控制研究主要包括考虑通信系统故障、延时等对控制效果的影响机理和影响程度；CPS工程应用研究大多也体现在系统控制上，一些研究针对不同专业领域，设计并运用与受控对象相适应的控制体系和控制方法，按所需意图实现控制目标。

5.3.1　国内外CPS发展现状

5.3.1.1　美国CPS发展现状

2006年2月，美国国家科学院提出了CPS的概念，并将它作为重点科研领域；2007年7月，美国总统科学技术顾问委员会将CPS列为全球竞争中八大关键信息技术之首；2008年3月，美国CPS研究指导小组建议将CPS技术应用于能源、国防、交通、农业、医疗等领域[10]；2014年6月，美国国家标准与技术研究院成立CPS公共工作组，以便开展CPS关键技术问题研究，该组织于2015年着手CPS测试平台组成以及交互特性研究，于2016年发布《信息物理系统框架》。美国在CPS标准制定、学术研究、工业应用等方面都处于领先地位。其中，在理论和标准方面的研究主要集中在CPS架构、典型应用、时间同步、数据交换、CPS安全等方向。

5.3.1.2　欧盟CPS发展现状

2007年，欧盟将CPS作为智能系统的重点发展对象，启动了“嵌入式信息系统联合行动（ARTEMIS）”等项目；2015年7月，《信息物理欧洲路线图和战略》[11]发布，昭示着CPS对欧洲发展具有重大战略意义。在研究方向上，欧盟比较注重对CPS战略分析以及理论方面的研究，主要工作集中在智能设备、嵌入式系统、感知控制、复杂系统等研究。

以德国的CPS发展为例：2009年，德国电气电子行业协会发布了《国家嵌入式系统技术路线图》，明确指出发展CPS技术将是未来德国保持制造业领先地位的基本条件；德国国家工程院于2013年提出“工业4.0”概念，指出CPS通过智能设备之间的通信和交互，将虚拟系统和物理系统融合成为一个真正意义上的网络化系统[12]，并从技术、政策等角度出发分析了 CPS 发展中所面临的挑战与商机；德国人工智能研究中心于 2016 年成立了世界首个已投产的“信息物理生产系统”实验室。德国在 CPS 方面的优势在于制造业以及嵌入式领域。

5.3.1.3 国内 CPS 发展现状

从 2009 年开始，CPS 逐渐引起国内有关部门、学者以及企业界的广泛关注和高度重视。2010 年，国家“863”计划信息技术领域办公室和专家组在华东师范大学举办了“信息 - 物理融合系统发展战略论坛”，探讨了 CPS 科学基础及其关键技术、国民经济领域 CPS 应用系统示范及国家急需的 CPS 应用系统战略布局，并就 3G 与 CPS 融合、智能配电网的 CPS 应用、CPS 技术发展与智能交通、CPS 技术在数字医疗、数字农业、公共安全等领域的应用进行了研讨。2015 年，国家“863”计划“配电信息物理系统关键技术研究及示范”项目，主要研究利用现代通信、计算机和控制技术，研发支撑多源异构配电网安全可靠运行的电力信息与控制一体化综合系统，攻克多源异构配电网的协同控制和网络安全等关键技术，主要包括：①配电网信息系统与物理系统的综合建模方法及其交互影响机理；②基于 IEC 61850 标准的配电网开放式通信体系和网络安全技术；③多源异构配电网的规划和协同控制方法。研制支持开放式通信的终端与主站系统，建立多源异构配电网电力信息与控制综合系统平台，并在城市配电网中进行示范应用。2017 年的国家重点研发计划“智能电网技术与装备”专项，设置了“电网信息物理系统分析与控制的基础理论与方法”项目，揭示电网信息物理过程交互机理，构建信息与能量高度融合的电网分析与控制理论体系，研发电网 CPS 综合仿真平台，为智能电网乃至新一代能源系统的运行控制提供理论基础支撑。

5.3.1.4 CPS 标准发展现状

目前美国国家标准与技术研究院、美国电气与电子工程师协会以及我国 CPS 发展论坛已先行开展了 CPS 标准研究工作。美国国家标准与技术研究院于 2014 年 6 月成立 CPS 公共工作组，联合相关高校和企业专家共同开展 CPS 标准研究，并于 2016 年 5 月发布了《信息物理系统框架》。该框架分析了 CPS 的起源、应用、特点和相关标准，并从概念、实现和运维 3 个视角给出了 CPS 在功能、商业、安全、数据、实时、生命周期等方面的特征。

美国电子与电气工程师协会于 2008 年成立 CPS 技术委员会（TC-CPS），致力于 CPS 领域的交叉学科研究和教育。TC-CPS 每年都举办 CPS Week 等学术活动以及涉及

CPS 各方面研究的研讨会。中国电子技术标准化研究院于 2016 年 9 月联合国内百余家企事业单位发起成立信息物理系统发展论坛，共同研究 CPS 发展战略、技术和标准等。现已形成《信息物理系统（CPS）体系结构》《术语和概念》标准草案，正在申请国标立项。

5.3.2　电力信息物理系统研究现状

5.3.2.1　电力信息物理系统架构构建方法

《信息物理系统白皮书（2017）》将 CPS 划分为单元级、系统级、系统之系统级（system of system，SoS 级）3 个层次，并指出："信息物理系统的本质就是构建一套信息空间与物理空间之间基于数据自动流动的状态感知、实时分析、科学决策、精准执行的闭环赋能体系。"电力信息物理系统是一个典型多层级的 CPS 系统，如单个光伏发电、本地保护系统、区域安控系统、自动发电控制系统（AGC）、智能电网调度系统等都是不同层级的 CPS 系统。不同层级的 CPS 系统都包括状态感知、实时分析、科学决策、精准执行的闭环过程。

架构的构建方式，取决于所研究的电网特点和业务类型，也取决于研究的目的。简单介绍下以下 3 种架构。

（1）主干输电网 CPS 分层架构如图 2-5-2 所示。主干网基于同步数字体系（Synchronous Digital Hierarchy，SDH）技术组网，包括控制中心、主要通信中枢和多个环状网络，该主干网支持电力网络的监控和保护多项应用。

（2）为实现对电力信息物理系统的建模分析所提出的三层式 CPS 架构如图 2-5-3 所示。物理实体层主要是指电力一次设备，包括发电机、变压器、线路、开关、负荷等；信息物理耦合层包括通信网络和二次设备网络；信息系统层是将不同电力控制应用的功能抽象出来组成的虚拟的网络，其覆盖的控制应用功能包括状态估计、电压控制、安全稳定控制等。

（3）配电网信息物理系统五层分层架构可映射配电网的信息系统和电力系统的实体网络结构及其承载业务，如图 2-5-4 所示。相比（1）的架构，此五层架构划分更为细致，其数据连接层大致对应三层结构的信息物理耦合层，而网络层及以上的三层大致对应信息系统层。具体研究分析中，可根据所分析的对象（业务及其承载网络）、分析的目的和所需的精度，选择分层方案。

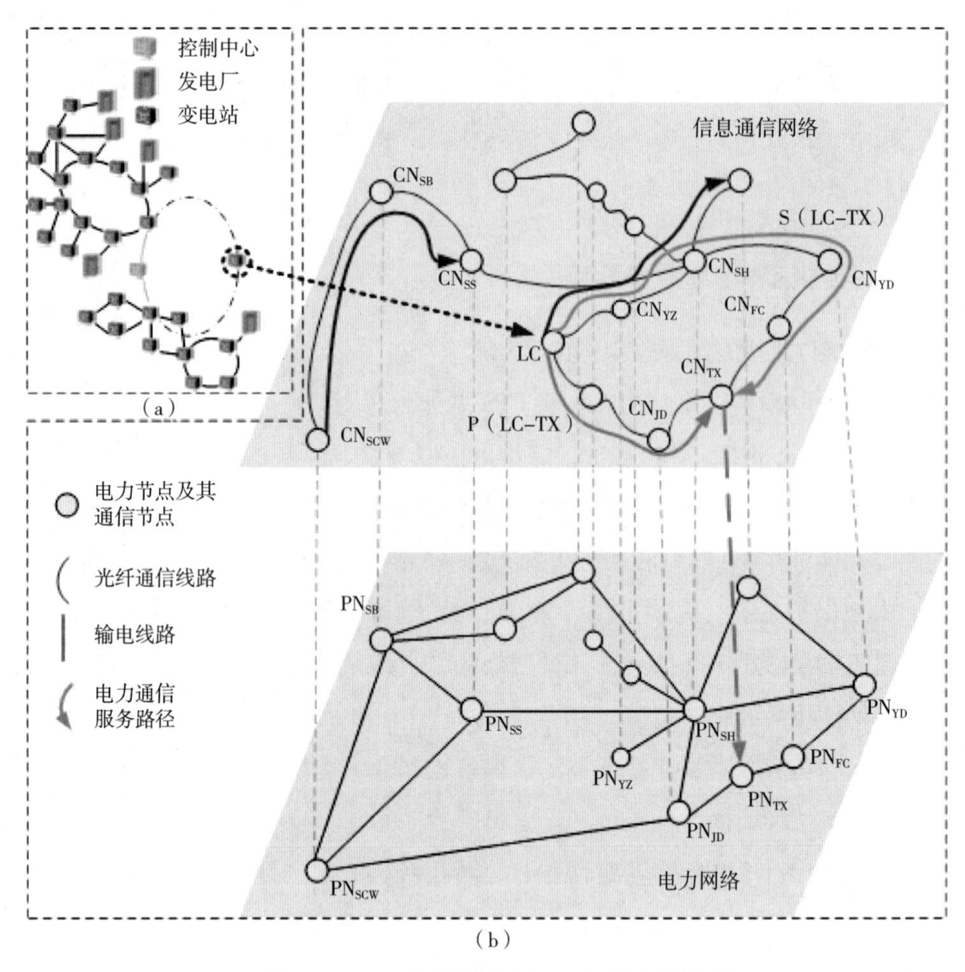

图 2–5–2　主干输电网 CPS 层次架构图

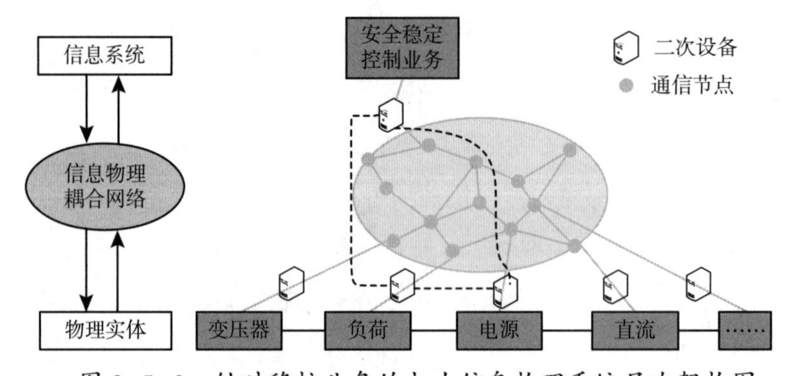

图 2–5–3　针对稳控业务的电力信息物理系统层次架构图

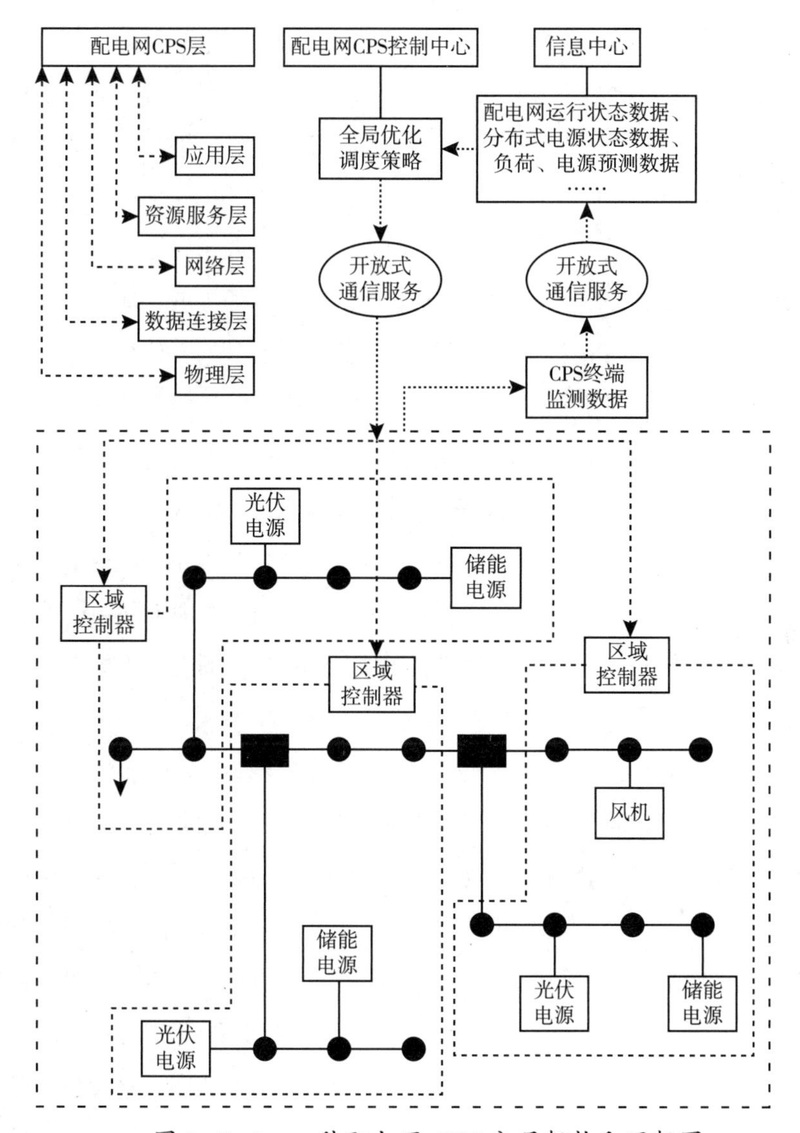

图 2-5-4　一种配电网 CPS 分层架构和网架图

5.3.2.2　电力信息物理系统建模方法

在计算机科学领域，主要有三大类 CPS 融合建模方法，分别是基于事件的一体化建模、考虑 CPS 动态行为的建模、考虑 CPS 离散并行行为的建模。

1）基于事件的一体化建模

这类建模方法一般依照 CPS 事件的属性（如内部属性、外部属性）进行特性表征。CPS 事件特性包括事件类型、时空特性和观察元件这 3 种特性，更细化的分类包括事件对象、内外部属性、时间特性、空间特性、事件类型这 5 种特性。在实现 CPS

事件的一体化建模方法时，可以将 CPS 事件精炼为物理实体和计算实体，并采用动态连续行为模型和离散系统行为模型分别对物理实体和计算实体进行建模，最后通过统一建模语言实现 CPS 系统的一体化建模。

2）考虑CPS动态行为的建模

这类建模方法主要包括：时空交互建模、功能与实现兼容建模、异构模型集成建模这三种类型。时空交互建模方法对传统事件特性进行了扩展，通过时间特性和空间特性的交互相关性确定 CPS 事件的执行顺序、运行状态等的正确性。功能与实现兼容建模方法则是针对 CPS 动态行为模型的系统实现提出的，目的是解决 CPS 系统非功能属性对实现平台选取的强依赖性问题，例如可对 CPS 中参与对象的自身功能利用有限状态机建模，对于控制部分用混合逻辑动态模型建模，实现静态功能与动态控制过程的描述。异构模型集成建模方法考虑不同领域 CPS 模型的扩展问题，针对 CPS 系统普遍具有的计算、通信、控制的“3C”融合特点，同时考虑不同领域下 CPS 物理过程和非功能特性的差异性，构建集成多种异构模型的 CPS 动态行为模型。

3）考虑CPS离散并行行为的建模

典型方法为基于 Petri 网的 CPS 建模理论。Petri 网能有效描述分布式和并行系统中顺序、并发、冲突、同步等关系，实现对复杂 CPS 系统的深入建模与分析。基于 Petri 网的 CPS 建模主要包括以下三类：基于面向方面的 Petri 网、基于模糊时间混合 Petri 网和组合 Petri 网。基于面向方面的 Petri 网，利用连续时间、离散时间、随机时间、模糊时间对系统的时间特性进行建模，利用时间函数表征空间信息，并由此构建 CPS 统一模型；基于模糊时间混合 Petri 网构建 CPS 行为预测模型，利用动态方程描述 CPS 中连续变量演化过程，引入模糊时间区间分析离散状态迁移过程；基于面向方面离散连续 Petri 网和着色 Petri 网的 CPS 资源组合模型，利用方面模型描述系统中具有共性的物理过程，再根据相关规则与核心功能进行组合建模。

智能电网或能源互联网作为典型的 CPS 系统，对其进行分析评估时，除了要计及物理系统和信息系统之间的耦合关系，同时也不能忽略其作为电力系统存在的特质。目前国内外学者在电力信息物理系统建模方面也已经开展了相关研究，主要包括以下 3 个方面。

（1）将通信信息的作用效果作为输入量考虑到物理过程中进行建模与控制，侧重将信息元素加入到传统的物理模型中。典型方法包括通过引入物理系统和信息系统的输入 / 输出信号，将信息的作用体现到每个信息物理模块的内部动态特性、本地传感及执行行为中；与该建模思想类似，双层多代理的电力信息物理系统框架可通过集群理论划分 CPS 集群，实现利用较少信息完成电力信息物理系统的分布式控制。

（2）信息物理交互影响过程分析与控制，侧重针对闭环控制过程中解决离散信息过程和连续物理过程之间的交互影响建模、分析与控制。目前已有的方法包括基于混合系统的电力信息物理系统动态建模方法和有向拓扑图方法。基于混合系统的电力信息物理系统动态建模方法从电力信息物理系统分析与应用的实际情况出发，采用有限状态机（Finite State Machine, FSM）及混合逻辑动态模型（Mixed Logical Dynamical, MLD）两种混合系统模型形式，作为电力信息物理系统融合模型；有向拓扑图方法将物理系统和信息系统中的状态量统一抽象为“数据节点”，将信息处理、信息传输等环节抽象为“信息支路”，建立 CPS 静态模型，这种建模方法更注重对信息映射关系的描述。

（3）信息物理耦合过程的建模与分析，侧重对信息物理耦合特性（包括路径、性能）的建模、定量分析与控制。例如关联矩阵方法建立了信息节点和物理节点的耦合关系模型，量化分析了通信链路故障等对信息物理耦合延时和可靠性等方面的影响。在此基础上，电力信息物理系统可观性和可控性可被建模分析[13]。

5.3.2.3　电力信息物理系统分析评估方法

传统的电网可靠性分析是利用电网系统拓扑信息和电力系统元件可靠性参数，如元件故障率、平均修复时间、计划检修率等，采用解析法或模拟法评估电力系统的各项指标。模拟法能给出可靠性指标的概率分布，向用户提供大量的信息，但由于其计算费时，工程应用中广泛采用解析法。现有电力信息物理系统可靠性评估方法在计算方式上可以分为 3 类。

（1）信息系统和物理系统都采用解析法。思路是通过“外网等值”思想将信息系统功能进行抽象，接入电力系统，评估信息网络中的潜在扰动和故障（如数据中断、数据篡改、数据延时）给物理系统运行所带来的风险。

（2）解析法与模拟法混合方案，通常为信息系统采用解析法而物理系统采用模拟法以减轻计算分析压力；解析－模拟混合评估方法可利用解析法计算得到信息系统可靠性，并将其等效到对应物理元件上，然后利用蒙特卡洛法进行可靠性评估。

（3）信息系统与物理系统均采用模拟法。如在对含电动汽车的配电网 CPS 可靠性进行评估时，在负荷建模上考虑电动汽车的时空不确定性，通过蒙特卡洛模拟法模拟系统内元件出现故障后对负荷点及系统可靠性指标的影响程度。

通常系统规模小时通常采用解析法，系统复杂程度高时大多采用模拟法。

目前有关电力信息物理系统可靠性、安全性的研究已经成为国内外学术界最为关注的热点之一，其中存在的主要技术难点在于信息物理交互作用的描述方法。学者们从不同角度研究了信息系统与物理系统的交互作用，也对已有电力系统可靠性分析评估的方法进行了综合分析。尽管国内外学者已经进行了一定的相关研究，然而，研究方向依然常偏重在单一物理层面，对电网信息物理融合下的研究还较少。目前，电力信息物理系统可靠性评估涉及信息系统的研究可分为如下三类。

第一类研究仅针对信息系统建模，分析计算信息系统的可靠性，没有考虑信息系统故障对电网的影响。电网信息系统包含 PON、工业以太网、电力载波、无线公网和无线专网等多种通信方式，网络规模大、环境复杂、通信质量较差。现有这类信息系统的建模参照了实际系统的结构，但建模中对实际中影响可靠性的因素如线路长度、外部环境、业务量等考虑不足。信息系统根据等效模型的复杂程度有模拟法和解析法两种。针对信息系统元件如相量测量单元 PMU，由于其具有数据不确定性，采用分层马尔科夫建模技术或综合统计学和模糊马尔科夫法分析元件可靠性。

第二类研究着眼于信息系统在电力系统中的具体应用场景或特定设备（如断路器、变压器）的可靠性与安全性评估，如在继电保护系统、变电站自动化系统、SCADA 系统、广域闭环控制系统、广域保护系统、WAMS 等，进而分析信息系统故障对电力系统的影响。智能设备、线路保护等系统规模小的应用场景通常采用解析法，系统结构复杂的应用场景一般采用模拟法。对于确定性可靠性分析场景，可在电力信息物理系统融合动态模型基础上，利用类似传统 N-1 方法依次移除信息系统元件进行可靠性计算，对于随机可靠性可以通过历史数据评估故障事件发生概率，再结合确定性可靠性分析进行评估。目前，有关分析信息系统对典型电力信息物理系统场景可靠性的影响已经有了一些研究成果。针对智能电网场景，可利用蒙特卡洛法评估可靠性，但还是缺少对信息系统多元用户行为等信息特征的详细描述，没有量化分析信息系统故障对一次系统的影响。针对 WAMS 的应用场景，将马尔科夫建模和状态枚举技术相结合可分析态势感知和控制功能对可靠性的影响；WAMS 失效导致部分电网不可观测时，所导致的电网最优负荷削减模型变化及其产生的影响，也可基于蒙特卡洛法分析 WAMS 故障对电力系统可靠性的影响。针对通信协议，可基于 IEC61850 系统功能分解对变电站自动化系统的可靠性进行评估。

第三类研究重点关注信息系统网络层面对电网可靠性的影响，大多是借鉴传统的计算机网络分析方法完成的，更多地侧重于恶意攻击条件下的脆弱性分析。例如，攻击者通过注入人为坏数据，可以导致在控制中心无法辨识坏数据的情况下状态估计结果失准（如开关状态、量测状态、系统拓扑辨识出错），进而导致系统决策错误。这些攻击不仅可能干扰电网的安全运行，也可为攻击者带来非正当的利益。在考虑网络攻击威胁下，电力信息物理系统安全在传统电网安全稳定内涵基础上拓展了信息安全和控制安全等新内涵。

电力信息物理系统的安全评价体系主要包括系统脆弱性评估和风险评估两部分，其关系如图 2–5–5 所示。风险评估主要包含以预设阈值为重要参照标准的越限驱动型方法和以潜在事件为评估对象的事件驱动型方法。事件驱动型方法可细分为事件发生概率评估和事件影响后果评估两个子部分，其中事件概率评估对应于脆弱性评估结果，主要方法包括经验估计和建模计算，事件后果主要指物理侧后果，包括经济后果和稳定后果等方面。

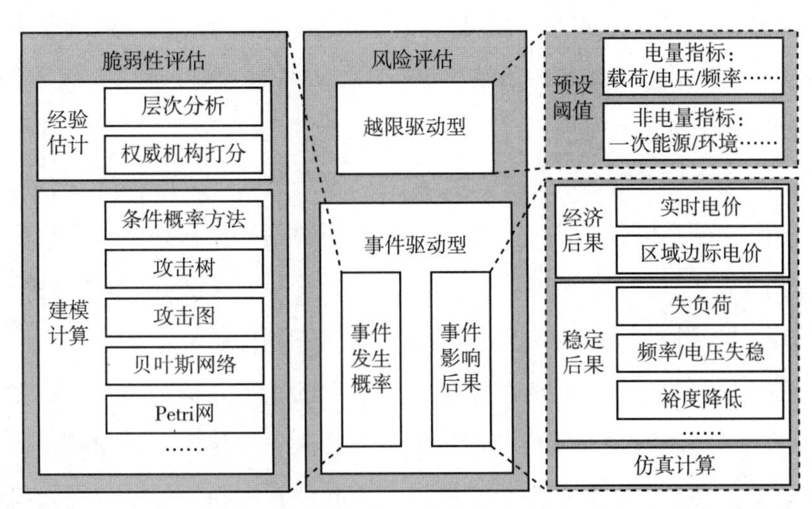

图 2–5–5　电力信息物理系统安全性评价涵盖方面的相互关系

5.3.2.4　电力信息物理系统控制方法

信息系统与物理系统是以不同方式运行的异构系统。异构性表现在两方面：其一，信息系统对物理过程的监视、计算、指令，均采用数字方式进行，属于离散模式；物理过程在一个运行状态下是随时间演变的连续动态模式；其二，虽然两者配合实现一个控制目标，但两者却是分别配置，时间量级不同，且由于信息系统对物理的采集或指令必然存在时间差，两系统间的完全同步及实时性是无法保证的。

针对离散性与连续性矛盾问题，可建立包含离散状态与连续动态的混合系统模型。这些模型及控制方法应用时，控制器能够感知受控对象的模型及状态变化，通过加入预测信息使输出具有良好的特性。对于信息传输路径对物理系统的影响，可求取最优路径满足信息到达及物理系统稳定要求，并加入了信息系统时延研究对物理过程影响。通过对信息系统和物理系统分别建立控制模型，以采样时间为研究对象，可建立混合系统研究信息物理融合模型的优化控制。上述以异构系统融合为主线的 CPS 研究，基本由建模、控制两步组成。建模阶段，不同程度考虑了信息系统和物理系统的统一形式及系统间相互作用的影响；控制阶段，以融合模型为基础，直接作用于物理系统或分别对信息系统及物理系统实施控制，达到优化目标[14]。

电力信息物理系统运行的另一大特点是信息侧可靠运行对物理侧安全稳定的实时影响。在电力信息物理系统中，实时控制方法、代替硬件写入本地控制的集中式控制方法等依赖实时控制决策和通信下发指令的控制方式，在增强灵活性和优化经济性等优势的同时，也使控制需要考虑信息侧故障情况下物理电力系统运行的稳健性[15]。

针对信息物理耦合造成的信息侧故障或攻击导致物理后果的问题，可基于博弈论、优化方法、移动目标防御的后备资源配置方法和基于校正的受损信号恢复方法研究优化控制方式。

5.3.2.5 电力信息物理系统信息支撑技术

电力信息物理系统作为新一代网络，具有不同接入技术到不同用户终端的通信需求。物理世界中种类纷繁的系统需要基于一个统一、灵活和大容量的公共平台在无线（或有线）环境下完成最佳路径选择来满足不同的业务需求。在不同的接入系统之间，电力信息物理系统应该提供同一网络间的水平通信和不同网络之间的垂直通信。基于电力信息物理系统网络的无缝业务的服务协议，包括业务质量、安全性和移动性，必须保证人们能随时随地与任何人在任意时间、任意点进行任意种类的信息交换与反馈。电力信息物理系统网络集成了过去成熟网络的研究与应用，如因特网、无线传感器网络、Ad Hoc 网络、WLAN、Wi-Fi、WiMAX、蜂窝网等。传统的单一网络承担业务简单，应用领域不具备多样性特点，因而无法实现电力信息物理系统网络的复杂应用。多种网络融合为电力信息物理系统网络的发展具有指示性意义。将现有研究的成果引入电力信息物理系统将带来许多新特性以及更好的扩展性。

《信息物理系统》白皮书中指出，信息物理系统的技术体系中含有四大核心技术要素："一硬"（感知和自动控制）、"一软"（工业软件）、"一网"（工业网络）、"一平台”（工业云和智能服务平台）。其中感知和自动控制是 CPS 实现的硬件支撑；工业软件固化了 CPS 计算和数据流程的规则，是 CPS 的核心；工业网络是互联互通和数据传输的网络载体；工业云和智能服务平台是 CPS 数据汇聚和支撑上层解决方案的基础，对外提供资源管控和能力服务。

5.3.2.6 电力信息物理系统信息安全

在电力信息物理系统中，电力物理系统空间和信息系统空间中的风险都有可能导致其发生停电事故。现有的电网安全研究大多关注电力物理空间的风险及其故障传播机制与方式，对信息空间可能带来的风险的研究还处于初步阶段。研究对象主要以变电站通信系统为主，采用故障树分析法可对系统的可靠性进行分析和预测，但仅能评估通信系统的可靠性，无法分析通信系统失效对电力系统运行状态的影响[16]。针对信息系统中的口令模型和防火墙模型，通过分析网络攻击者在这些防御措施下成功攻击数据采集与监视控制系统的可能性，并评估网络攻击对电力系统可能产生的影响，综合考虑电力系统与信息系统之间的联系，可构建电力信息物理系统的安全风险评估框架，并分析安全威胁的来源、对电力系统的影响、可用的防御措施等[17, 18]。不过，现有的这些研究都没有深入分析风险在不同空间的传播机制。

CPPS 安全防御主要包含两个部分：防御检测与防御保护。

攻击的防御检测本质上是判断系统中是否出现异常事件，可归结为对“正常”和“异常”状态进行区分的问题。现有的异常检测方法可按照辨识依据分为基于偏差的检测和基于特征的检测方法，如图 2-5-6 所示。

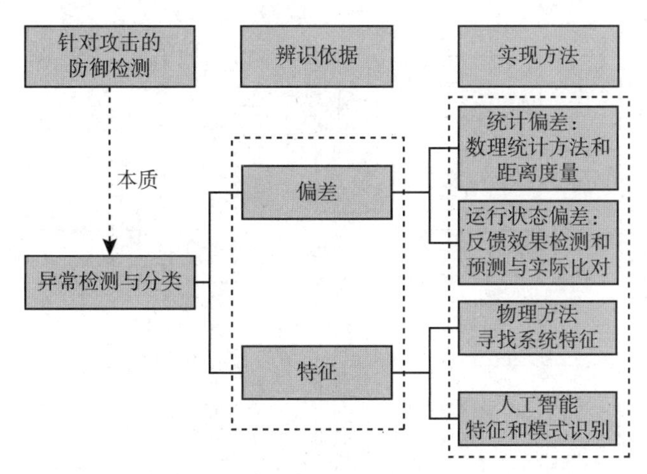

图 2-5-6 现有电力信息物理系统防御检测方法

基于偏差的检测方法通常根据防御目标选择一个或多个与攻击强相关的变量（例如系统量测、控制信号、网络通道状态等）进行监控，当检测到运行中这些变量值偏离正常范围达到一定阈值时认为出现攻击。常用的偏差量包括以下几类。

（1）统计分布偏差。根据采集信息的统计规律和物理模型的辅助，设定正常模式范围以检测异常。

（2）控制效果偏差。通过控制反馈的效果偏差，可判断控制过程是否受到网络攻击。

（3）预测偏差。通过对比电力信息物理系统的预测状态和实际状态，检测攻击事件。

基于特征的检测方法通过物理机理分析或人工智能方法，提取系统正常运行和受攻击时的特征，在检测中通过比对特征判断是否出现攻击。特征选取可分为两种思路。

（1）基于系统物理模型，依赖于对系统运行规律从机理层面进行分析，从而确定系统正常状态的特征属性。

（2）基于人工智能方法，依赖于实际采样或仿真的数据集，利用数据驱动的方法，通过机器学习提取攻击事件的特征形成攻击事件特征库，通过分类或聚类算法进行正常事件、普通故障和攻击事件的特征区分。

电力信息物理系统的防御保护目标涵盖信息侧的信息安全和物理侧的安全稳定运行两个方面。保护的实现则通过信息侧和物理侧防御保护方法以及两侧防御方法的协作，发挥防御保护对本侧内部的安全防护能力，并通过耦合关联性质协助维护另一侧的安全。目前研究中的防御保护思路按保护方面和时间尺度总结归纳如图 2-5-7 所示。

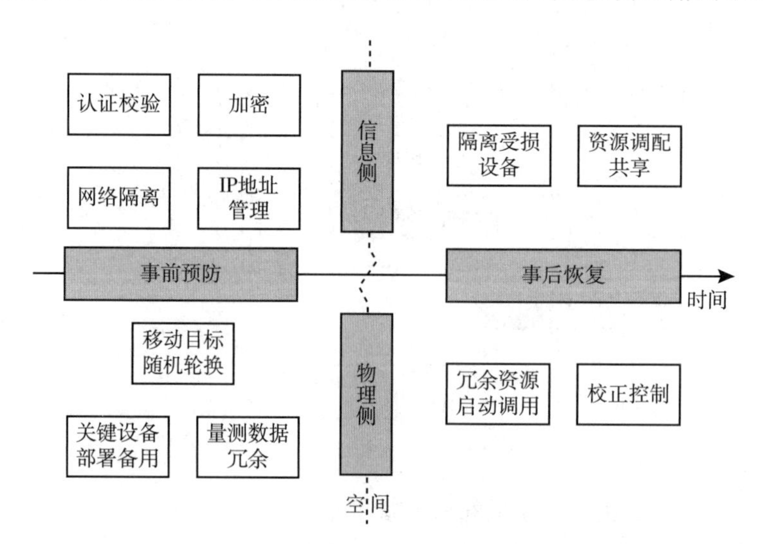

图 2-5-7　现有电力信息物理系统防御保护手段总结

电力信息物理系统的信息侧保护有事前预防和事后应对两类手段。目前常用的事前预防保护手段包括认证校验、加密、网络隔离和准入管理。在传统保护手段基础上，目前学者正在尝试将可信计算和区块链等新技术应用到信息安全保护中。当针对电力信息物理系统的网络攻击未能被信息侧预防手段有效阻断时，将开始对物理侧产生实际影响。信息侧事后应对方法包括隔离受损设备或调整控制策略。例如针对 DoS 攻击可采取追踪溯源、重构网络、重定向、过滤、限速、合法性检测和攻击资源耗尽等事后应对措施，并针对无法通过报文内容合法性检测判断出是否为 DoS 攻击包的情况，设计根据带宽的流量重定向方案。

物理侧的攻击防御保护主要可以分为基于资源调配和基于信息校正的方法。

基于资源调配的方法融合攻击事前和事后两个时间阶段，通过事前部署冗余资源、事中事后调配可分配资源，为电力系统提供后备，以维持攻击后系统的安稳运行。电力信息物理系统物理侧保护资源包括：人力资源（如用户、管理员、技术人员等）、技术资源（如增强元件防御保护能力的工具软件和修复损坏元件的技术）、经济资源（如对新设施和节点的投资）等。具体保护方式包括利用优化方法的资源配置决策，利用博弈论的资源配置决策和基于随机化思想的移动目标防御。

基于信息校正的方法主要作用在攻击事后阶段，利用对攻击向量或对系统自身特性的知识，在攻击对物理侧的干扰结果出现后，对受损的采集数据、控制信号等进行校正，达到期望的控制效果。校正保护方法根据保护对象，可以分为：①校正稳态下状态估计应用和暂态下态势预测应用的系统状态感知结果，应对针对状态感知的攻击；②校正控制信号或调整控制方案，应对针对控制功能（发电控制、频率控制、能量管理等）的攻击。

5.3.2.7 电力信息物理系统仿真技术

利用已有仿真工具进行联合仿真是目前研究的热点，已有多个国内外研究机构提出各自的解决方案。从平台组成结构，这些方案可分为以下 3 类：联立仿真[19]、非实时联合仿真[20]和实时联合仿真[21]。

1）联立仿真

联立仿真是指在单一的仿真工具中对电力信息物理系统进行建模仿真，该类平台在对融合系统某一部分进行详细建模的同时需要对另一部分进行大量简化。例如，在电力系统仿真工具中需要对通信系统进行简化建模，电力系统仿真工具中通常缺少离散事件模型求解功能，无法精确模拟通信网络的动态过程。同样，在通信系统仿真工具中需要对电力系统模型进行简化，通常只能求解静态潮流计算问题，而对于复杂的时域仿真和动态问题求解则需要大量重构模型。在该类平台中，由于两种系统在同一个仿真工具中进行仿真，因此不需要额外设计同步模块和数据交互模块，平台实现较容易，然而大量模型简化使其主要用于需求响应或规划等静态问题的相关研究。

2）非实时联合仿真

非实时联合仿真是电力信息物理系统建模仿真的另一种解决方案，电力物理系统和信息通信系统分别采用各自专业的仿真工具进行建模仿真，而两个仿真工具之间通过同步模块和数据交互模块进行仿真同步及仿真数据的共享。该类平台可以使两个系统在同一个时域内进行仿真，并且各自拥有丰富的模型库，可以保证仿真的精度和准确性，然而同步方法、数据接口等问题是制约该类平台仿真性能的关键。

3）实时联合仿真

实时联合仿真与非实时联合仿真类似，采用独立的仿真软件分别对电力物理系统和信息通信系统进行仿真，不同的是该类仿真平台中所有仿真工具均采用实时方式运行，因此在时间轴上是天然同步的。实时联合仿真平台采用多核实时仿真器或 FPGA，能够对系统进行小步长精确仿真，但平台搭建较为复杂且成本高，因此主要针对微电网等小规模问题进行求解。

电力信息物理系统联合仿真的核心问题在于如何协调控制各个仿真工具间的时间同步，目前已有的联合仿真平台方案可分为以下 4 种：利用同一事件轴同步、在固定时间点同步、利用同一时间轴同步和以事件轴为基准同步。

（1）利用同一事件轴同步是指两个系统在同一事件轴上添加需要响应的事件，如图 2-5-8 所示。在两个仿真系统间加入一个调节器来管理联合仿真系统的仿真事件轴，对于电力系统，每个时步的仿真以事件的形式添加到事件轴上，进而实现仿真同步。该方案不需要两个系统仿真时间完全同步，但仿真速度相差较大时慢速系统可能无法及时对突发事件做出响应，可能造成仿真精度降低。

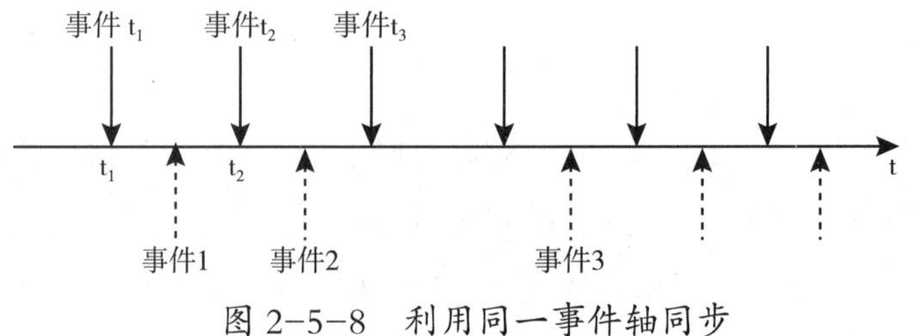

图 2-5-8　利用同一事件轴同步

（2）在固定时间点同步是指在仿真前设置需要进行数据交换的同步时间点，两个仿真系统运行到同步点时暂停，等待数据交换完成后继续进行仿真，如图 2-5-9 所示。上坐标轴为连续系统的仿真坐标，下坐标轴为离散事件系统的仿真坐标，虚线为预先选取的数据同步点，当仿真系统到达该时间点后，暂停仿真，在完成数据交换之后继续进行后续仿真。该方案直观且容易实现，在所有事件发生时刻已知的情况下能够获得准确的仿真结果，但出现难以预测的突发事件时，仿真结果可能出现一定误差。

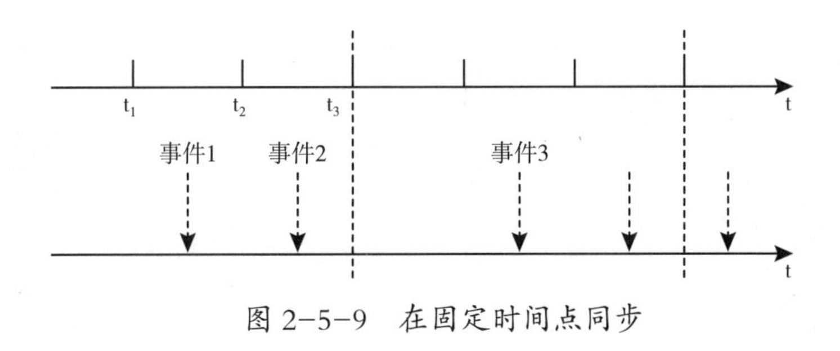

图 2-5-9　在固定时间点同步

（3）利用同一时间轴同步是指电力系统仿真与通信系统仿真采用完全相同的时序，通常以实际时间为基准，如图 2-5-10 所示。这类方案能够在实时范围内对系统进行精确模拟，两个仿真系统之间可以随时完成数据交换，并且接口设计简单，但平台搭建复杂，成本较高。此类研究刚刚起步，典型方案是利用 OPAL-RT 和 OPNET 实现联合仿真，其主要应用于广域监控与保护系统的测试、智能电网高级应用仿真以及配电网相关应用测试。

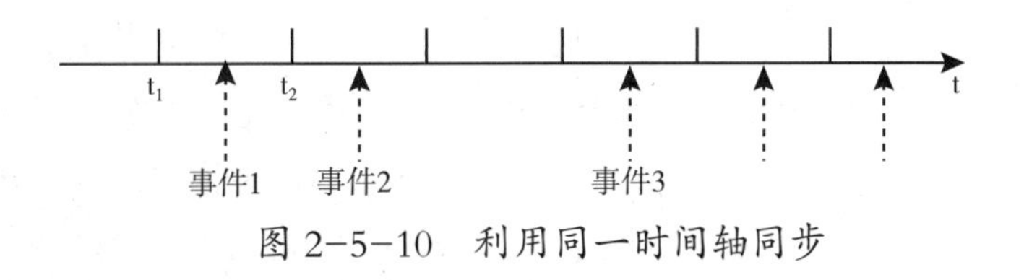

图 2-5-10　利用同一时间轴同步

（4）以事件轴为基准同步是以通信系统事件为主导，两个仿真系统交替运行，如图 2-5-11 所示。首先执行通信系统仿真至同步事件处，此过程中电力系统仿真暂停，随后电力系统仿真到同样的时刻，此间通信系统仿真暂停。每个交替运行循环结束后，两个仿真系统完成必要的信息交换，之后联合仿真系统再次执行通信系统仿真，进入下一个仿真循环。这类方案易于实现，而且不需要对现有的仿真程序进行过多改造，但忽略了电力系统动态变化触发的信息交换需求，以通信事件同步为主导的联合仿真的准确性还需要进一步评估和改进，并且交替仿真过程使得联合仿真计算效率降低。

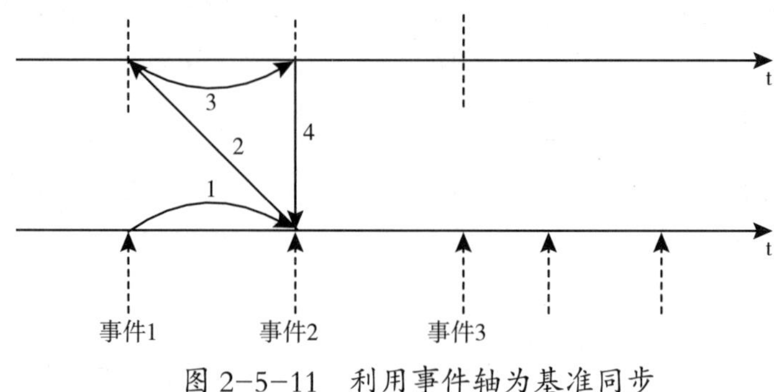

图 2-5-11　利用事件轴为基准同步

5.4　电力信息物理系统预测与展望

5.4.1　预测与展望

5.4.1.1　信息物理融合的电网建模仿真及数字孪生技术

利用先进的传感与测量技术、先进的通信技术、先进的决策技术以及先进的自动化技术，可以针对电力系统、通信系统以及控制系统构建数字孪生镜像系统，其发展方向包括以下 4 点。

（1）针对输电网元件动态特性差异，研究大规模输配电混合网络的动态向量建模方法。

（2）基于电力信息物理系统多类应用对通信网络的不同颗粒度需求，针对多协议并存、快速响应和低时延应用，研究物理层和数据链路层详细建模技术。

（3）研究考虑经济和社会行为的电力市场环境模型接口技术；研究网络安全高层次行为模型接口技术；研究控制策略和外部信息接口技术。

（4）研究电力信息物理系统数字仿真算法；研究大规模电力信息物理系统并行仿真的网络分割和计算均衡技术；研究通信网络数字仿真系统与硬件动态模拟设备之间的数据交互接口技术；研究电力信息物理系统数模混合实时交互仿真技术。

实现电力信息物理系统全面仿真、精准刻画两者相互影响的过程，实现通信、控制、电网物理过程等多仿真子系统同步、交互与融合。进而实现电网全景实时数据的采集、传输和储存，以及快速的数据分析和信息挖掘，从而为电力信息物理系统的可靠、安全、经济、高效、环境友好等目标最大化进行决策和控制。

5.4.1.2　电力 / 信息系统态势感知体系

包括信息采集子系统、态势评估子系统、态势预测子系统和态势可视子系统在内的电力 / 信息系统态势感知体系：①信息采集子系统基于 CPS 智能量测技术、CPS 嵌入式技术等关键技术，实现电力 / 通信系统全景实时数据信息的采集；②态势评估子系统基于电力信息物理融合镜像系统的仿真试验，对信息采集子系统所搜集到的信息进行综合性的识别和评价；③态势预测子系统基于电力信息物理融合镜像系统的超实时仿真以及态势评价结果，利用云计算和大数据技术对电网态势规律进行总结，并对电网未来态势进行预测；④态势可视化子系统实现对智能电网态势感知系统中各种数据的可视化展示。

进而可以实现针对电力 / 信息系统的态势要素提取、当前态势识别与未来态势预测，具体如下。

（1）态势要素提取是电力信息物理系统态势感知的基础的环节，其目的是对被感知对象的信息进行搜集。随着移动通信技术在电网建设中应用范围的扩展，态势要素的信息提取范围也不断扩大。当前的电力信息物理系统态势要素提取所提取的信息主要包括电网故障信息、运行信息、设备状态信息、环境信息、系统结构信息等。

（2）当前态势识别是建立在态势要素提取基础上的，是对提取的态势要素信息进行处理和加工之后，对电力信息物理系统的态势进行评价。

（3）未来态势预测是建立在前两个环节基础上的。通过对电力信息物理系统态势信息和元素进行搜集、感知、分析和评估之后，对电网的态势发展规律进行总结与推理，并对电网未来的态势进行预测。态势预测结果是电力信息物理系统调节与控制的主要参考。

5.4.1.3　电力 / 信息综合安全防御体系

针对目前智能电网隐私保护技术无法提供足够的效率和安全特性这一问题，研究安全有效的电力信息物理系统安全数据处理技术，实现对不同类型电力数据的分析，在用户数据安全、有效的前提下，基于电力系统海量数据实现对自身安全的防御措施和对外部攻击的准确研判。

针对电网海量安全数据的特点，构建集数据融合、分析、处理、检测、防御于一体的电网综合安全防御体系，对保障电能的可靠输送具有非常重要的意义。该安全防御体系不仅可以应用于电力数据的处理和检测，还可以应用于电力设备的攻击预警和防御。

针对智能电网中电力数据安全通信问题，研究新一代电力系统的电力无线专网技术，支撑电网智能化升级和精益化管理；研发量子密钥分发技术，建设适应新一代电力系统的量子安全通信体系，并构建立体化网络安全评估、预警及防御体系，进一步提高电力数据的安全性。

5.4.1.4 广域协同的电力信息物理系统调控技术

依托 CPS 架构体系、云计算、大数据、数字孪生等先进技术，构建信息物理融合电网的镜像系统。研究并提出调控运行数据分析挖掘技术；开展虚拟 / 增强现实的电网调控技术以及电力电子化电网运行监测技术研究，进一步构建新一代智能电网调度控制系统。并基于该系统构建智慧型调度控制技术支撑体系，实现广域协同的电力信息物理系统全景可观、全局可控、在线调度决策和多级调度协同自动控制，提升智能电网调度运行智能分析能力和基于微网群的电力信息物理系统协调优化控制能力，提升电力信息物理系统柔性开放接入能力和灵活调控能力，提升自动调度水平，提升电力信息物理系统安全防护水平，提高电力信息物理系统的高比例可再生能源消纳能力，支撑新一代电力系统安全可控、智能互动。

5.4.2 发展路线图

电力信息物理系统发展路线图见图 2-5-12。

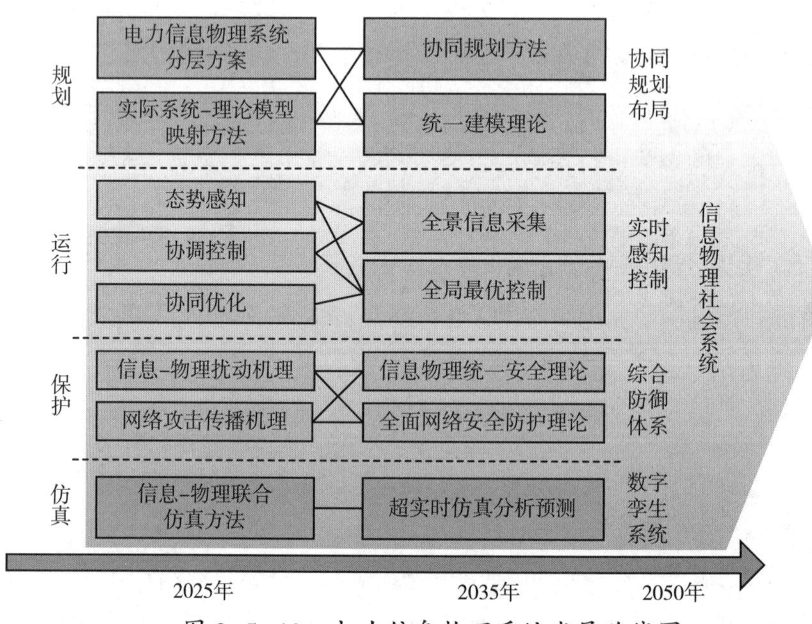

图 2-5-12 电力信息物理系统发展路线图

2025 年前后，提出成熟的电力信息物理系统架构、分层方案及实际系统到理论模型的层级映射方法，建立与实际智能电网功能对应的可靠模型；从信息物理融合的角度，基于最新的计算、通信、控制方法实现电力信息物理系统的优化控制；全面考虑信息和物理侧的安全风险，提出完整的防御架构和全面的防御方法，开发成熟可靠的联合仿真平台。

到 2035 年前后，基于 CPS 架构，实现集计算、通信和控制为一体的信息物理融合；利用云计算、大数据以及数字孪生的技术支撑，针对包括电力系统、通信系统以及控制系统在内的全系统构建电力物理信息融合的镜像系统；基于该平台对全系统进行超实时的仿真、分析与预测，提出电力 / 信息系统态势感知体系以及电力 / 信息系统综合安全防御体系；最终在实际电力信息物理系统中实现广域协同的智能电网控制、增强现实的电网调控以及电力 / 信息系统的故障预警以及安全防御。

到 2050 年，将全面基于信息物理能源系统（Cyber Physical System of Energy，CPSE）体系构建电力系统，提出服务定义电网。将 CPS 体系拓展到 CPES 体系，该体系以电能为核心，将一次能源、二次能源、终端能源等环节视为整体，并计及与经济发展、社会文明、民生福利、气候环境、政策法规等的交互影响，在整体协调的框架中考虑整个能源流、信息流及相关资金流的可靠性，以及排放流与市场博弈的可控性。该 CPES 体系是以整个能源系统为物理基础的 CPS。它通过传感测量、专用网、互联网、大数据、计算机和控制技术与各种一次能源、二次能源及终端能源深度融合而成。在先进的信息通信技术支撑下，以电能为核心枢纽，经济而有效地支撑一次能源的清洁替代，可靠而开放地推动终端能源的电能替代。

CPES 体系将网络技术深度嵌入到能源系统中，感知和改变后者的状态，从多种形式的数据中提取知识及决策支持。提供更加细致的保护和防御以抵御对数据、硬件及功能的威胁。包括基于模型的程序指引，从数据中学习并预测，及根据例子预测和判断。由于相关人员的参与面及程度的加大，行为数据及其影响大大增加。同时，将广域信息的采集范围从电力系统内部扩大到自然环境和社会环境，对冻雨、台风、雷击等自然灾害早期预警，将预警目标从单故障风险拓展到群发性相继故障的风险，跟踪一次能源和环境条件等的变化态势，动态评估信息系统的风险及其对停电防御的影响，留出更长的时间来准备应对预案。尽量避免突发的小概率事件演化为大范围的公共危机，并通过对灾难的善后处理尽快地回归正常秩序。

更进一步地，未来可将社会系统融入到信息物理能源系统中，形成“信息 – 物

理 - 社会”一体架构[22]。智能电网或信息物理能源系统尚未涵盖社会因素与能源系统运行发展的交互影响、相互依赖与制约关系。通过发展泛在物联网，将物 - 物、物 - 人、人 - 人交互囊括进 CPS 体系，将社会因素、用户需求等信息作为博弈行为或服务行为考虑进信息物理能源社会系统（Cyber Physical Social System of Energy，CPSSE），从任务、数据、知识提取、决策几方面进行融合，最终实现提高社会交互能力和参与度，优化能源对社会的支撑作用，满足社会各方面对能源的需求。

参考文献

[1] Tomsovic K，Bakken D E，Venkatasubramanian V，et al. Designing the next generation of real-time control，communication，and computations for large power systems [J]. Proceedings of the IEEE，2005，93（5）：965-979.

[2] Lee E A. Cyber physical systems：Design challenges [C].11th IEEE Symposium on Object Oriented Real-Time Distributed Computing（ISORC），2008：363-369.

[3] United States Department of Energy. A vision for the modern grid [EB/OL]. [2011-05-08]. http://www.netl.doe.gov/moderngrid/docs/A%20Vision%20for%20the%20Modern%20Grid-Final-v1-0.pdf.

[4] Ilic M D，Xie L，Khan U A，et al. Modeling of future cyber-physical energy systems for distributed sensing and control [J]. IEEE Transactions on Systems，Man，and Cybernetics-Part A：Systems and Humans，2010，40（4）：825-838.

[5] 赵俊华，文福拴，薛禹胜，等. 信息物理电力系统的架构及其实现技术与挑战 [J]. 电力系统自动化，2010，34（16）：1-7.

[6] Creery A A，Byres E J. Industrial cybersecurity for a power system and SCADA networks —be secure [J]. IEEE Industry Applications Magazine，2007，13（4）：49-55.

[7] Sridhar S，Hahn A，Govindarasu M. Cyber-physical system security for the electric power grid [J]. Proceedings of the IEEE，2012，100（1）：210-224.

[8] Wang Q，Pipattanasomporn M，Kuzlu M，et al. Framework for vulnerability assessment of communication systems for electric power grids [J]. Generation Transmission & Distribution Iet，2016，10（2）：477-486.

[9] Lin H，Sambamoorthy S，Shukla S，et al. Power system and communication network co-simulation for smart grid applications [C]. IEEE PES Innovative Smart Grid Technologies Conference Europe，ISGT Europe，2011.

[10] Cyber Physical Systems Public Working Group. Framework for Cyber Physical Systems [R]. 2016.

[11] CyPhERS. Cyber-Physical European Roadmap and Strategy [R]. 2013.

[12] Germany Trade & Invest. Industrie 4.0: Smart Manufacturing for the Future [R]. 2013.

[13] 薛禹胜，李满礼，罗剑波，等. 基于关联特性矩阵的电网信息物理系统耦合建模方法 [J]. 电力系统自动化，2018，42（2）：11-19.

[14] 李培恺，曹勇，辛焕海，等. 配电网信息物理系统协同控制架构探讨 [J]. 电力自动化设备，2017，37（12）：2-7，15.

[15] 王琦. 电力信息物理融合系统的负荷紧急控制理论与方法 [D]. 南京：东南大学，2017.

[16] Yusheng X，Ming N，Wenjie Y. Approach for studying the impact of communication failures on power grid [C]. 2016 IEEE Power and Energy Society General Meeting（PESGM），Boston，MA，2016.

[17] Rinaldi S M，Peerenboom J P，Kelly T K. Identifying，understanding，and analyzing critical infrastructure interdependencies [J]. IEEE Control Systems，2002，21（6）：11-25.

[18] 郭庆来，辛蜀骏，孙宏斌，等. 电力系统信息物理融合建模与综合安全评估：驱动力与研究构想 [J]. 中国电机工程学报，2016，36（6）：1481-1489.

[19] 汤奕，王琦，郜伟，等. 基于 OPAL-RT 和 OPNET 的电力信息物理系统实时仿真 [J]. 电力系统自动化，2016，40（23）：15-21，92.

[20] Bian D，Kuzlu M，Pipattanasomporn M，et al. Real-time co-simulation platform using OPAL-RT and OPNET for analyzing smart grid performance [C]. 2015 IEEE Power & Energy Society General Meeting，2015.

[21] Mallouhi M，Al-Nashif Y，Cox D，et al. A testbed for analyzing security of SCADA control systems（TASSCS）[C]. Innovative Smart Grid Technologies（ISGT），2011 IEEE PES，2011.

[22] Yusheng X，Xinghuo Y. Beyond Smart Grid—Cyber-Physical-Social System in Energy Future [J]. IEEE，2017，105（12）：2290-2292.